谨以此书向南仁东老师致敬！

时代楷模南仁东（1945—2017）与其领衔建造的中国天眼FAST——500m口径球面射电望远镜

他坚韧不拔的科学勇气一直激励着我们前行，

铭记他的箴言：“宁可少活二十年，也要拿下中国天眼。”

中子星与脉冲星天体物理

NEUTRON STAR AND PULSAR ASTROPHYSICS

张承民　潘元月　王德华　杨佚沿　编著

科学出版社

北　京

内 容 简 介

本书包括中子星和脉冲星的基础知识，这是伴随空间科学和地面射电望远镜进步的新学科，涉及卫星探测的天体高能现象和能谱与时变的数据分析，还包括中子星/脉冲星的多种现象，诸如高能爆发、X 射线、射电辐射、双星系统中吸积加速形成毫秒脉冲星。作者汲取国际最新科学成就，将新的科研成果写进本书。

阅读本书不需要预先具备天体物理和天文学的特定知识，对于理工科学生，他们只要有兴趣了解天文学和天体物理进展，就完全可以阅读本书。对于业余和专业的天文观测者来说，本书是其良师益友，能快速了解脉冲星的基础知识，而不需要投入大量时间去研修现代物理知识。对于空间、天文学、天体物理专业的大学生和研究生，本书是良好的文献源泉和知识注解。

图书在版编目(CIP)数据

中子星与脉冲星天体物理/张承民等编著. —北京：科学出版社, 2019.6
ISBN 978-7-03-049282-1

I. ①中… II. ①张… III. ①中子星-天体物理学-研究 ②脉冲星-天体物理学-研究 IV. ①P145.6

中国版本图书馆 CIP 数据核字(2016) 第 150101 号

责任编辑：周 涵 张晓云／责任校对：杨 然
责任印制：赵 博／封面设计：耕者设计工作室

科学出版社 出版
北京东黄城根北街 16 号
邮政编码：100717
http://www.sciencep.com
中煤（北京）印务有限公司印刷
科学出版社发行 各地新华书店经销
*
2019 年 6 月第 一 版 开本: 720 × 1000 1/16
2024 年 4 月第五次印刷 印张: 9 3/4 插页: 2
字数: 197 000
定价: 78.00 元
(如有印装质量问题, 我社负责调换)

主要作者简介

张承民 博士生导师，中国科学院国家天文台研究员、中国科学院大学岗位教授，中国天眼FAST工程前首席科学家南仁东的科学助理。在大连理工大学获学士和硕士学位，在香港大学获博士学位，曾在澳大利亚、巴西、欧洲、我国台湾地区等学术研究机构任职并从事天文学和天体物理研究，主要涉及天体物理和广义相对论、脉冲星磁场和周期演化、中子星准周期振荡(QPO)、脉冲星射电闪烁、毫秒脉冲星和双星吸积环境、白矮星磁场演化研究，还有引力场时空性质和天体物理应用，国际国内已发表学术论文100余篇。2009年以来，担任中国科学院大学(原中国科学院研究生院)“高能天体物理”课程主讲，并被评为中国科学院大学优秀课程。2013年编辑出版国际天文学联合会第290次研讨会会议文集*Feeding Compact Objects, Accretion on All Scales*(剑桥大学出版社)。

潘元月 在中国科学院新疆天文台获博士学位，现任湘潭大学讲师、硕士生导师。曾在中国科学院高能物理研究所从事博士后研究，研究涉及脉冲星双星、毫秒脉冲星、极亮X射线脉冲星、吸积中子星磁场及自旋周期演化的理论研究，已发表学术论文14篇。

王德华 在北京师范大学天体物理专业获博士学位，现任贵州师范大学副教授、硕士生导师，主要从事吸积中子星自旋周期与磁场演化、毫秒脉冲星形成及千赫兹准周期振荡等方面的研究，已发表学术论文16篇。

前　　言

自从 1967 年贝尔发现脉冲星以来，历经半个世纪的观测和研究，天文学家已经发现了 3000 多颗各种类型的中子星，也了解到脉冲星重要的科学价值。由于脉冲星的质量如同一个太阳，而其大小如北京市区，所以其表面引力场超强，这使得爱因斯坦广义相对论效应不能忽略。1974 年美国天文学家赫尔斯和泰勒发现了脉冲星双星系统中由引力辐射导致的轨道收缩效应，从而首次间接地证实了引力波的存在。脉冲星的超强磁场与运动诱发的电场，为研究高能粒子加速机制、射电辐射过程提供了一个理想场所。首先，中子星的物质组成极其致密，其中心密度是核密度的几倍，诞生时的温度可高达 $\sim 10^9$K，一般认为此条件下的极端压力可能生成夸克物质。其次，脉冲星作为大质量恒星超新星爆发后坍缩的产物，理解脉冲星的形成条件和机制，有利于进一步研究超新星及超新星爆发理论。在应用研究方面，脉冲星因其自旋周期的高度稳定性相当于氢原子钟，在时间定标和航天器导航上有非常重要的意义。总之，脉冲星的研究涉及多波段观测、多学科的重要理论问题，与现代物理中的等离子体物理、广义相对论、基本粒子、核物理、中微子和高能宇宙线领域等密切有关。

本书内容包括脉冲星和中子星的发现历史，早期中子星理论，磁场和自转演化，中子星的质量和半径，星体结构，辐射的基本机制，毫秒脉冲星形成与吸积加速，吸积盘和磁球结构，各种类型的特殊中子星，包括磁星和双星脉冲星等。我们列举了中子星的演化过程，可让学生全面把握其历史。

本书有以下四个特点：① 使用通俗的语言介绍天体物理的内容，将脉冲星的历史、观测和理论以少量公式描述出来；② 介绍较新的观测和理论，使读者快速进入脉冲星的研究前沿；③ 图文并茂，让非天文学专业的读者有兴趣阅读本书；④ 表述语言简练，内容涵盖重点，主线明显，易于捕捉脉冲星的框架。

本书适合具备普通物理知识的大学生和研究生阅读和使用，内容深入浅出，比喻形象，知识较为基础，富有趣味，引人入胜, 每章节开头介绍基础知识，而研究前沿的内容尽量安排靠后，这便于读者阅读。科普与科研一直是科教领域似乎矛盾的两个方面，科普侧重感性理解，科研注重物理过程，如何将两者协调统一，是本书力图解决的问题。脉冲星自发现以来，一直备受科研人员的青睐，这方面已有很多研究专著。由于其专业性，需要花大量的时间和精力研读，而我们这本书侧重阅读相关专著的前期基础知识。对于具备大学物理知识的人员，本书提供了直观理解脉冲星和中子星的全方位要素。

张承民

2019 年 1 月

目　　录

第 1 章　中子星和脉冲星的介绍

1.1　脉冲星的发现

1967 年 8 月，英国剑桥大学的安东尼 • 休伊什 (Antony Hewish) 和他的研究生乔瑟琳 • 贝尔 (Jocelyn Bell) 开始使用射电望远镜 (无线电阵列天线) 在南北天区进行“行星际闪烁”的观测，这是星际介质或太阳周围的行星际带电粒子导致的无线电信号流量有规则的变化和起伏，可由此探测空间的电磁波与介质的相互作用特性。贝尔夜以继日地工作，在大量并纷乱的记录纸带上仔细摸索射电闪烁信号的特征，这是太阳系带电介质干扰星空无线电传播的结果，其流量呈现出射电波秒量级的准周期变化。此现象可以类比于“天上的星星在眨眼”，这源于由地球大气层扰动引发的光学波段的闪烁。如图 1.1(a) 所示，其分别表示来自三个不同星体的闪烁信号。然而，贝尔偶然察觉到一个奇怪且周期极其规则的“干扰”信号，它为每隔 1.337s 精准时间的脉冲信号，如图 1.1(b) 和 (c) 所示，其为贝尔观测到脉冲星信号的原始记录。他们最开始认为这可能是来自地球的信号，可当他们查遍英国当时所有的无线电频率后，很快就排除了这种想法。在之后的观测中，贝尔发现脉冲信号曾在观测记录里重复出现，按时间推算，每次正好相隔 23 小时 57 分钟，和其他天体出没的周期相同，这表明这个脉冲信号来自宇宙天体。这令她十分诧异，难道宇宙的“心电图”存在“人为故意”的钟表准时效应?

得知这一令人难以置信的观测分析，她的导师休伊什曾猜想这可能是外星人 —— “小绿人”发出的莫尔斯电码在向地球呼叫。然而，进一步查找观测数据表明，这个脉冲信号的频率极其精确。接下来，贝尔和同事在不同天区又发现了 2 个周期各异的脉冲信号源，这便排除了外星人信号，因为不可能有 3 个“小绿人”在不同方向、同时向地球发射不同的脉冲信号。接着，他们进一步分析发现，这个脉冲信号的周期精确得令人难以置信，其变化率约 10^{-15}s/s，亦即千万年内的时间变化大约为 1s，这是精准的氢原子钟精度。再经过射电望远镜的色散测量，贝尔得出脉冲星距离地球大约是几万光年，这意味着脉冲信号源于银河系起源的天体。经过一番努力，贝尔和休伊什在 *Nature* 杂志上发表了发现脉冲星的论文，并认为脉冲星可能就是物理学家预言的超级致密的中子星。这是一个意外的重大发现，消息很快轰动了国际科学界。脉冲星与星际分子、类星体、微波背景辐射并称为 20 世纪天文学四大重要发现，为天文学和天体物理研究开辟了新的领域，而且对现代物理学的发展产生了深远影响。

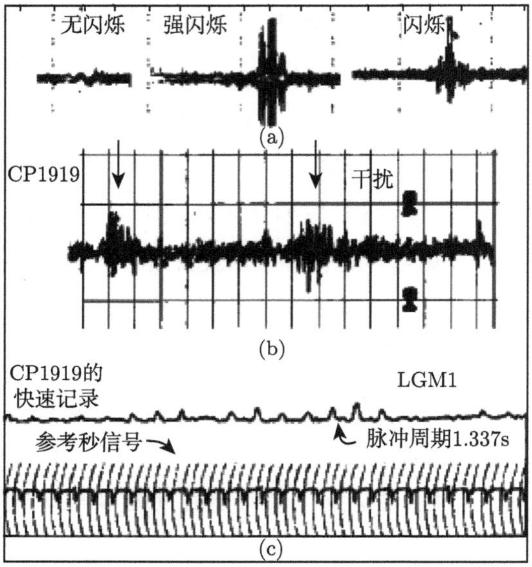

图 1.1 几个闪烁、干扰和脉冲星的原始记录

1.2 脉冲星的特性

自中子星的概念首次被提出以来，其特殊的性质一直是理论研究的热门问题。特别是在贝尔 (图 1.2) 首次发现脉冲星后，脉冲星被认为是快速旋转的中子星，人们首次将此类特殊的星体从理论和观测上直接联系起来。天文学家认为脉冲星是大质量恒星 ($8\sim25M_\odot$) 演化到末期经过超新星爆发形成的一类极端致密的星体，依靠中子简并压或核力来平衡自身引力，质量约 $1.4M_\odot$，半径约在 15km，物质密度极高 ($\sim 10^{14}\text{g/cm}^3$)，相当于把整个太阳压缩到北京市区的范围；磁场极高，约为 10^{12}Gs(10^8T)，而地球上最大的人造磁场约为 10^5Gs(10T)。

因为脉冲星诞生于超新星爆发，所以脉冲星与超新星遗迹应有一定的相关性。目前发现 400 多个超新星遗迹，其中约 1/4 遗迹附近存在脉冲星。在蟹状 (crab)

星云内发现的脉冲星 PSR0531-21，周期约 33ms，它诞生于 1054 年的超新星爆发，当时被中国宋朝天文学家详细记载，这为脉冲星的起源提供了直接的证据，也是人类历史上第一次详细记录的一颗恒星演化史。脉冲星是转动的中子星，在恒星坍缩的过程中，由于引力坍缩作用，它所包含的物质挤压在一起，密度极大，乒乓球大小的中子星物质相当于喜马拉雅山的质量。因角动量守恒，星体坍缩成中子星时会高速旋转，这与花样滑冰运动员两臂在向内收紧时，也会越转越快的道理相同，目前发现自转最快的脉冲星每秒可转 716 圈。据估计，银河系中存在几亿颗中子星，而可观测的脉冲星数量在 6 万~10 万颗，因为大部分脉冲星的辐射方向并不指向地球，或者其转动周期太大导致辐射流量低于探测极限 (已知射电脉冲星最长周期是 23.585s)。

图 1.2 “脉冲星之母”乔瑟琳·贝尔女士，曾任英国皇家物理学会会长、英国皇家天文学会会长、皇家苏格兰爱丁堡学会会长

目前公认的模型是灯塔模型，将脉冲星看成旋转的强磁场辐射天体，其运动的磁场将产生电场，而电子在电场中加速将辐射电磁波。或者，将脉冲星类比于地球，其自转轴与磁轴之间存在夹角，当星体旋转时，磁极处产生的辐射像光束一样扫过太空，这好比航海的灯塔，当辐射束扫过地球即可以观测一次脉冲。目前观测到的脉冲星来自银河系，距离地球比较遥远 (几千到几万光年)，天文学家可通过望远镜进行探测。脉冲星除产生射电辐射外，在光学、X 射线、γ 射线等波段也能被探测到。

经过 50 多年的观测与研究，目前发现的脉冲星有 3000 多颗，其中大部分是孤立的，仅有 300 多颗存在于双星系统中。脉冲星种类繁多，根据辐射能段的不同分为射电脉冲星、X 射线脉冲星和 γ 射线脉冲星等；根据有无伴星可以分为脉冲星双星和孤立脉冲星；根据演化历史和自旋周期的大小可以分为常规脉冲星和毫秒脉冲星；根据供能机制的不同可以分为旋转供能脉冲星、吸积供能脉冲星、热供能脉冲星、磁供能脉冲星、核供能脉冲星等。

1.3 脉冲星的射电观测工具

天体的辐射常常包括射电、光学、X 射线和 γ 射线整个电磁波谱。但是，由于地球大气中有水汽、氧和臭氧的吸收带，地球大气对毫米波和亚毫米波段而言只是部分透明。对于来自天体的红外线、紫外线、X 射线和 γ 射线则会更多地被大气吸收，因此观测天体的紫外、X 射线、γ 射线等辐射须将卫星探测设备送入太空。对于地球大气的两个观测窗口 (可见光窗和射电窗) 中的射电窗包括波长从 0.3mm～20m 的频带，远比可见光窗宽得多。因此，地面上在射电波段对脉冲星观测相比其他波段更具有优势。然而每一台射电望远镜只能在某一较小的射电波段范围内进行工作。因此按工作波段可将望远镜分为米波 ($\lambda > 1$m)、分米波 (10cm $< \lambda <$1m)、厘米波 (1cm $< \lambda <$10cm)、毫米波 (1mm $< \lambda <$1cm) 和亚毫米波 (1mm $< \lambda <$ 0.3mm) 射电望远镜。

20 世纪 60 年代射电天文学的“四大发现”(即脉冲星、星际分子、类星体和微波背景辐射) 被称为 20 世纪中期最为耀眼的天文学成就。脉冲星天文学 50 多年来取得的辉煌成就离不开射电望远镜技术的飞速发展。脉冲星观测对望远镜性能的要求极为苛刻，例如，辐射的信号极其微弱，从而要求射电望远镜需具有非常高的灵敏度 (即可探测到最小辐射流量密度的下限)；由于脉冲星的脉冲周期极短而要求射电望远镜应该具有超高的时间分辨率才能够分辨脉冲的周期结构；又因脉冲星离我们非常远，其辐射的电磁波在星际空间中的传播会受到星际介质色散的严重影响，因此要求望远镜信号处理系统必须具备强大的消除色散的能力；由于脉冲星的半径只有约 15km，脉冲星位置、自行和周年视差等信息的准确测量要求射电望远镜必须具有较高的空间分辨率。就因为这些苛刻的要求促使射电望远镜的发展在短短数十年间就取得了辉煌的成就。

脉冲星观测要求高灵敏度，因此大口径射电望远镜成为观测脉冲星的利器。国际上有多台大型射电望远镜对脉冲星的观测做出了巨大贡献，例如，英国 Jodrell Bank 的洛弗尔 (Lovell) 76m 射电望远镜，该望远镜是世界上第一台大型射电望远镜，于 1957 年正式投入观测，在 1971 年的观测巡天中发现了 39 颗脉冲星，1984 年率先在球状星团中找到毫秒脉冲星；澳大利亚帕克斯 (Parkes) 64m 射电望远镜是世界上发现脉冲星最多的设备，在已发现的射电脉冲星中，约有 2/3 是帕克斯发现的，该望远镜于 1958 年动工建造，1961 年后投入观测，是近 20 年国际脉冲星巡天的主力；德国埃费尔斯贝格 (Effelsberg) 100m 射电望远镜是率先进行毫米波段观测和高频 (5GHz) 巡天的设备，于 1968 年开始建造，1972 年投入观测，是当时口径最大的射电望远镜；美国绿岸 (Green Bank) 100m 口径射电望远镜 (GBT) 是目前世界上最大的全自动射电望远镜，是当今观测脉冲星能力最强的射电望远镜之一，于 2000 年 8 月建成启用，其在脉冲星观测研究方面成果显赫，发现了目前周期最短 (1.39ms) 的脉冲星 PSR J1748-2246AB；美国阿雷西博 (Arecibo) 305m 球面射电望远镜是脉冲星观测能力最强的设备之一，于 1963 年建造，口径为 305m，它对脉冲星的观测研究最为重要的贡献是在 1974 年发现了第一个射电脉冲双星系统 PSR B1913+16，观测到爱因斯坦预言的由引力波导致的星体轨道收缩，这一发现使得赫尔斯和泰勒一起荣获了 1993 年诺贝尔物理学奖；而在 1982 年阿雷西博又首次发现毫秒脉冲星，从而开辟了脉冲星研究的又一个新的研究领域；接着在 1992 年它又首次发现了第一颗太阳系外的行星系统，即发现毫秒脉冲星 PSR B1257+12 的行星 (图 1.3 和图 1.4)；欧洲低频阵列 (LOFAR) (图 1.5(b)) 是世界上最大的低频阵列射电望远镜，由 25000 具偶极子小天线组成，主要工作频段为 10~90MHz 和 120~240MHz，脉冲星作为 LOFAR 主要科学目标之一，预计将发现 1000 颗脉冲星。目前已经发现的脉冲星中的最长转动周期为 23.585s。

我国目前也有数台射电望远镜可用于脉冲星观测。其中包括 1996 年开始用于天文观测的新疆天文台的 25m 射电望远镜，2006 年建成的云南天文台的 40m 射电望远镜，2012 年建成的上海天文台的 65m 射电望远镜和 2016 年 9 月建成的贵州 500m 单口径球面射电望远镜 (FAST)(图 1.5(a))。值得指出的是 FAST 是目前世界上接收面积最大、灵敏度最高的射电望远镜。它是利用贵州省独特的喀斯特地形和极端干净的电磁波环境，依托一口径约 500m 的碗形山谷地形而建成的巨型射电望远镜，其灵敏度比阿雷西博射电望远镜要高 2 倍多，观测的天区范围也比阿雷西博射电望远镜的扩大了 2 倍多。FAST 的建成及投入使用以来已经观测到 40 多颗新脉冲星，未来有望使脉冲星的研究样本提升到万颗时代。

(a)　(b)

图 1.3　(a) 阿雷西博；(b) 埃费尔斯贝格

(a)　(b)

图 1.4　(a) 绿岸；(b) 帕克斯

多天线组成的射电望远镜阵对于脉冲星的高精度定位具有很大的优越性。综合孔径射电望远镜以及在此基础上发展而来的甚长基线干涉仪网，不仅在分辨率方面赶超光学望远镜，而且还能获得射电源的图像、位置等信息。综合孔径射电望远镜是多天线系统，其灵敏度由所有天线的有效接收面积的总和来决定，因此大型综合口径射电望远镜的总接收面积都很大，灵敏度都很高。目前世界上著名的综合孔径望远镜主要有美国甚大阵综合口径射电望远镜 (VLA)(图 1.6(a))，荷兰韦

斯特博克 (Westerbork) 综合孔径射电望远镜 (WSRT)(图 1.6(b))，印度米波综合孔径射电望远镜 (GMRT) 和正在建设的 21 世纪平方千米射电望远镜阵 (SKA)。其中 SKA 是由中国在内的多个国家提议建设的国际射电望远镜项目。预计建成后的 SKA 的灵敏度将比世界上现有的任何一台大型射电望远镜高出数十倍，分辨率高出近百倍。极高的灵敏度将使得 SKA 可能在银河系中发现约 20000 颗新脉冲星，其中还有望探测到脉冲星-黑洞系统等其他奇特的脉冲星。

(a) (b)

图 1.5 (a) FAST；(b) LOFAR

(a) (b)

图 1.6 (a) VLA；(b) WSRT

干涉仪网是由放置在不同地方的射电望远镜在同一波段同时对同一个射电源进行观测的系统。射电望远镜之间的基线非常长，因此空间分辨率特别高，这对脉冲星自行和视差等的观测特别有利。世界上著名的干涉仪网主要有英国多天线微波连接干涉仪 (MERLIN)，欧洲甚长基线干涉仪网 (EVN)，美国甚长基线干涉仪网 (VLBA) 等，其中 EVN 则是世界上分辨率和灵敏度最高的甚长基线干涉测量 (VLBI) 技术网。VLBA 在毫米波段的分辨率是世界上最高的设备。我国同样也有自己的甚长基线干涉仪网 (CVN)，它由上海 25m、乌鲁木齐 25m 口径射电望远镜、北京密云 50m 和昆明 40m 射电望远镜组成，最短基线约 1100km，最长基线达约 3250km。这一干涉网在 2010 年成功地获得脉冲星 PSR B0329+54 的位置和自行参数。

1.4　爱因斯坦理论和引力波的验证

在 100 多年前，德国科学家爱因斯坦发表了广义相对论，这个理论不但认为时间和空间会产生“弯曲”，天体的光谱会发生“引力红移”，而且还预言了宇宙空间中存在引力波。在地球和太阳系范围里，广义相对论得到了很好的验证。然而，直到 2017 年探测到双中子星的合并事件，广义相对论关于存在引力波的预言才得以证实。

现代天文学是观测的科学，其实质是对各种天体发出的电磁波的观测与分析。无线电波、红外线、可见光、X 射线、γ 射线等在本质上都是电磁波，那么引力波与电磁波有什么区别呢？在物理学上，电磁波是电磁能量在空间的传播，而引力波是时空引力能的传播；电磁波是电场和磁场的振荡，引力波是由物质能量剧烈加速变化引起的时空形变的传播。此外，引力波的振荡模式 (偏振) 与电磁波有所不同。

引力波通常产生于巨型天体突然的加速运动，如超新星爆发、两个巨大的天体发生碰撞、两个致密星体合并 (如中子星–黑洞或者双中子星并合)。由于距离遥远，引力波能量到达地球时，其信号已经非常微弱。因此对探测仪器的灵敏度和精度要求非常高，目前全球一些发达国家建立了观测引力波的实验装置，如美国的干涉臂长达数公里的干涉仪 LIGO(图 1.7)、欧洲的 VIRGO(图 1.8) 计划等。

直到 1974 年，普林斯顿大学天文学家泰勒 (J. Taylor) 和赫尔斯 (R. Hulse)，在使用阿雷西博观测脉冲星双星系统 (PSR 1913+16) 时，发现双星的绕转运动将辐射引力波，这将导致能量和角动量损失，双星轨道收缩，如图 1.9 所示。这个效应很小，无法在太阳系测到，但在脉冲星双星系统应当可以测到，即通过精确观测脉冲双星轨道周期的变化检测引力波的存在。

图 1.7 位于美国华盛顿州的 LIGO 激光干涉引力波探测器

图 1.8 位于意大利的 VIRGO 引力波探测器

2004 年，意大利女天文学家博盖 (Marta Burgay) 利用澳大利亚的帕克斯射电望远镜，发现了一对互相绕行的双脉冲星系统 (PSR J0737-3039AB)，它距离地球 2000 光年 (ly)，它们的轨道周期仅为 2.4h，这两颗相距 10^6km 的中子星都发射电波，这是已知的唯一一对两颗星都能观测到的射电脉冲的双星系统。与先前发现的脉冲双星相比，此系统轨道周期更短，所以引力辐射更强。美国绿岸射电望远镜对其进行了长达 3 年的精确测量，分析发现，由能量损失所造成的引力波辐射致使它们的运行轨道正在衰减，双星的间距以每天大约 1cm 的速度减小，并且这种现象还将加速，这进一步验证了引力波的预言。此外，天文学家还观测到了其他的相对论效应，如夏皮罗 (Shapiro) 延迟 (由脉冲星附近的时空弯曲导致的时钟变慢)，此次测量误差在 0.05% 以内，是目前为止对广义相对论最精确的检验。

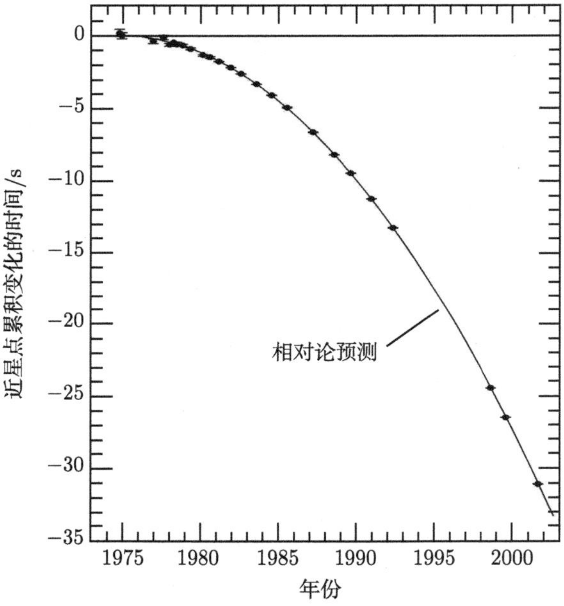

图 1.9　脉冲星双星系统 PSR1913+16 轨道周期缩短测量

图中圆点为实际观测值，和广义相对论所预测的抛物线 (实线) 相符合(图中是 Hulse 和 Taylor 于 1974 年利用双脉冲星 PSR 1913+16 的轨道周期衰减实际观测值与广义相对论所预测值的 (实线) 对比)

2015 年 9 月 14 日，位于路易斯安那州的利文斯顿和华盛顿州的汉福德美国激光干涉仪引力波天文台的 2 个探测器几乎同时探测到一个信号，后来此事件被命名为 GW150914，它被证明是由距离地球十几亿光年之外的 2 个恒星级黑洞的并合产生的引力波事件。这次重大发现打开了人类探测宇宙的新窗口，标志着引力波天文时代的到来。2017 年，LIGO 再次发现引力波信号，这是双中子星并合事件触发的引力波，瑞典皇家科学院决定将 2017 年诺贝尔物理学奖颁发给莱纳 • 魏斯、基普 • 索恩和巴里 • 巴里什三位美国科学家，以表彰他们对 LIGO 探测器和观测引力波做出的决定性贡献。

脉冲星计时阵列也可以对引力波进行直接探测。引力波是时空的涟漪，当其通过脉冲星与地球之间时，会导致空间的压缩或者拉伸，因此脉冲星信号到达地球的时间会产生变化。理论上对脉冲星进行长时间的观测即可探测到引力波，但是由于各类噪声的影响，微弱的引力波信号很容易被淹没。因此可以利用毫秒脉冲星的高度时间稳定性，同时对 50 颗毫秒脉冲星进行检测，寻找引力波造成的相关影响，这便是脉冲星计时阵列探测引力波的基本原理。

第2章　中子星模型和脉冲星的诞生

2.1　中子星的理论模型

中子星作为浩瀚宇宙中的三大致密星体 (中子星、白矮星、黑洞) 之一，对其充分的探索和研究对于我们了解整个宇宙是非常重要的。首先了解一下关于中子星和脉冲星研究的几个重要的有突破性的历史阶段。中子星诞生方式的提出：1934 年，天文学家巴德 (Walter Baade) 和兹维基 (Fritz Zwicky) 将大质量恒星演化的终端产物猜想为中子星。他们在论文中这样写道："··· with all reserve we advance the view that a supernova represents the transition of an ordinary star into a neutron star, consisting mainly of neutrons. Such a star may posses a very small radius and an extremely high density."(······ 对于目前已经获得的信息与数据来看，我们认为超新星代表了普通恒星向中子星的转变，组成这种星体的大部分物质是中子，这样的星体可能拥有极小的半径且极其致密)。历史上，早在脉冲星被发现之前，苏联著名物理学家朗道 (Landau) 即从理论上预言了这样一类致密星体的存在。1932 年英国剑桥大学卡文迪许实验室的查德威克 (James Chadwick) 发现了中子，并因此获得了 1935 年的诺贝尔物理学奖。朗道当时正在丹麦访问，参加了丹麦物理学家和量子力学创始人玻尔 (Niels Henrik David Bohr) 召集的研讨会，话题涉及新发现的中子。讨论会上，朗道敏锐地推断如果恒星质量超过钱德拉塞卡 (Chandrasekhar) 极限，就不会一直坍缩下去，因为电子会被压进氦原子核中，质子和电子将会因引力的作用结合在一起成为中子。中子和电子一样，也是遵循泡利不相容原理的费米子，中子在一起产生的中子简并压力与引力之间的相互作用使得恒星成为密度比白矮星大得多的稳定的中子星。遗憾的是，朗道的这个观点当时并未正式发表。直到 1934 年，在美国威尔逊山天文台工作的巴德和兹维基在探讨超新星爆发起源的问题时，提出了中子星存在的可能，认为中子简并压力能够支持质量超过钱德拉塞卡极限的恒星，并且猜想超新星爆发所需的能量可能来自于星体坍塌时释放的引力束缚能，而中子星就在这一过程当中形成，所以他们提议中子星是超新星爆炸后的产物之一。巴德和兹维基正确地解释了超新星爆发产生中子星时释放出的引力束缚能，在超新星爆发过程中大量的质量被湮灭，如果在中心的大质量恒星在其崩溃之前的质量是太阳质量的 3 倍左右，那么在中心可能形成一颗 $1.5M_{\odot}$ 的中子星，被释放出来的束缚能 ($E = mc^2$) 相当于一个太阳质量全部转化成的能量，这足以作为超新星最后的能量来源。1939 年美国物理学家和原子弹之父奥本海默 (Julius Robert Oppenheimer) 与沃尔科夫 (George Volkoff) 提出了系统的中子星理论，他们认为在质量与太阳相似的恒星内部可以达到简并中子的流体静力学平衡，然后通过计算建立了第一个定量的中子星模型。

2.2 超新星 1054 与蟹状星云脉冲星

2.2.1 超新星 1054

1054 年 7 月 4 日，即宋仁宗至和元年五月二十六日，北方天空中忽然出现了一颗“客星”，在白天可见时间达 23 天，在夜晚可见时间则长达 642 天。这个剧烈的天象被中国宋代天文学家以文字详细地记载下来，如《宋会要》中记载“嘉祐元年三月，司天监言：客星没，客去之兆也。初，至和元年五月，晨出东方，守天关。昼如太白，芒角四出，色赤白，凡见二十三日。”当时其他国家和地区也有零星的记录，如朝鲜、日本、印度。据说当时欧洲的传教士看到了这次奇异天象，可惜欧洲天文学家们找不到任何有关这个天象的记录。美国亚利桑那的印第安人把这个天象绘成了两幅图像，分别位于怀特梅萨 (White Mesa) 以及纳瓦霍峡谷 (Navajo Canyon) 的岩壁上。这便是著名的 1054 超新星爆发及其观测记录的故事。

此次事件被遗忘了 700 年之久后，直到 1731 年英国天文学家贝维斯 (John Bevis) 使用望远镜再次观测到这个遗迹时，其光度已经暗到无法用肉眼分辨细节。因它的丝状结构看起来很像甲壳类生物的脚，因此，1850 年罗斯 (Ross) 爵士将此星云命名为蟹状星云，如图 2.1 所示。1892 年，美国天文学家罗伯兹在 0.5m 望远镜上拍下了蟹状星云的第一张照片，30 年后天文学家在对比蟹状星云以往的照片时，发现它随着时间逐渐膨胀，速度高达 1100km/s，于是人们便对蟹状星云的起源产生了浓厚的兴趣。直到 1942 年，荷兰天文学家奥尔特 (Oort Jan Hendrik) 才证认出蟹状星云是中国宋代记录到的“客星”遗迹，是由 1054 年的超新星爆发所形成的。

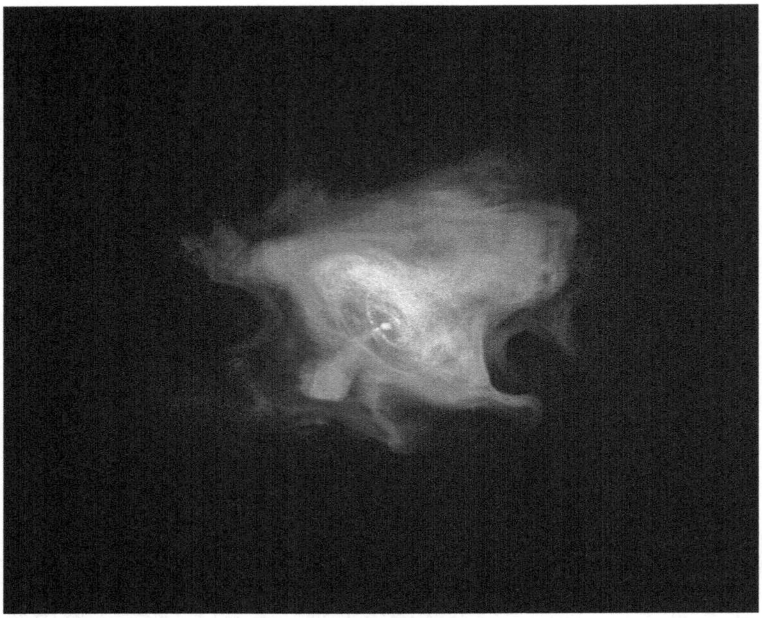

图 2.1　钱德拉卫星拍摄的蟹状星云 X 射线照片 (后附彩图)

2.2.2　蟹状星云脉冲星

蟹状星云脉冲星是位于北天区的一颗著名的亮源，在蟹状星云中表现为一个明亮的小点，如图 2.1 所示，其周期约 33ms，计算出的磁场约 10^{12}Gs(10^{8}T)，距离地球 2kpc (1kpc = 3260ly)。它虽然不是观测到的第一颗脉冲星，但是它在脉冲星的研究过程中却起了举足轻重的作用。它于 1969 年首先在射电波段发现，随后在光学、X 射线、γ 射线和红外波段也探测到这颗脉冲星，其辐射光子的能量超过 30keV，而且非常稳定。图 2.2 是斯皮策太空望远镜 (Spitzer space telescope，SST) 于 2008 年拍摄的蟹状星云，图中蓝白色区域是被包围在恒星磁场内的高能电子云遗迹，红色丝状结构渗透整个星云，这种辐射就是我们所熟知的电磁辐射。

迄今为止，在几乎所有电磁波段上都能观测到脉冲星现象的只有它和帆船座 (Vela) 脉冲星，但帆船座脉冲星光学亮度很暗，只有蟹状星云脉冲星的 $1/10^{4}$，观测起来难度较大，对观测仪器的要求较高。天文学家将蟹状星云脉冲星看成是宇宙中最具参考性的观测源，并将其作为一种标准源来测量宇宙其他辐射源。蟹状星云脉冲星有着长期的观测记录，也是现今唯一一颗准确知道其诞生年龄的脉冲星，在研究脉冲星自旋周期演化的特性中具有重要的作用。观测发现蟹状星云脉冲星的自转速度正在逐渐减慢，这主要是由它自身的电磁辐射消耗自转能导致的。据此推测，蟹状星云脉冲星诞生时自旋周期约 20ms，经过 1 万年后，其自旋周期大约将减慢到 100ms。

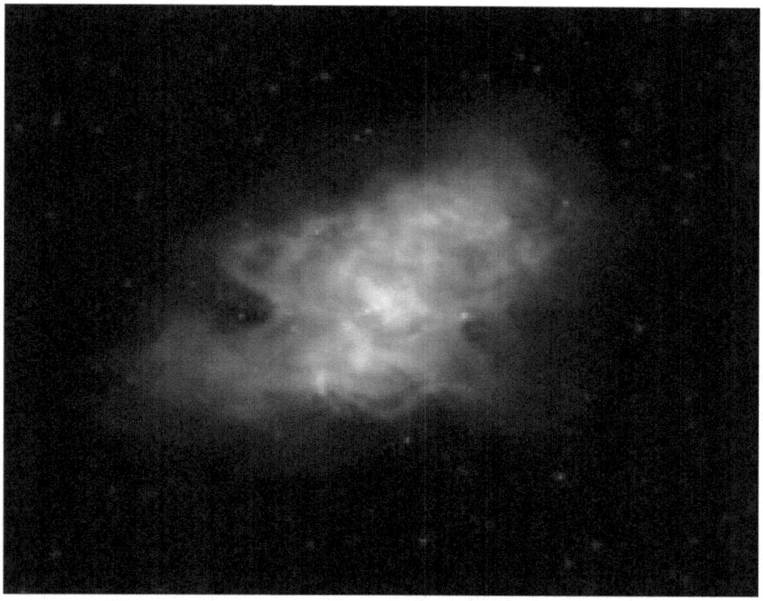

图 2.2 斯皮策太空望远镜拍摄的蟹状星云 (后附彩图)

2.3 超新星的爆发与脉冲星的诞生

2.3.1 超新星的爆发

超新星爆发是短暂而剧烈的天文现象，发生在宇宙中大质量恒星演化的最后一个阶段。爆发时恒星的气体外壳将以 30000km/s 的速度抛射出去，形成超新星遗迹，类似于蟹状星云，而恒星核心却迅速坍缩成为一个致密核。恒星质量决定了它的归宿是白矮星、中子星或是黑洞。在过去的一百年里，银河系中只有三次超新星事件被肉眼观测到。目前超新星爆发可大致分为两种类型，分别是：① 恒星的核心突然坍缩，在孤立大质量恒星演化末期，当其耗尽自身的核燃料时，由于受重力牵引的作用，失去热辐射压力支撑的外围物质将会发生物质回落现象，造成坍缩，最后超新星爆发；② 恒星核聚变突然重新点燃，在双星系统中，白矮星从伴星吸积物质，当其质量超过钱德拉塞卡极限 (约 $1.4M_{\odot}$) 时，其核心温度和压力将提高到足以点燃核聚变，从而导致白矮星坍缩，超新星爆发。

2.3.2　脉冲星的诞生

20 世纪 30 年代，在发现中子后，物理学家便猜想可能存在完全由中子构成的星体。通过计算，这种星体直径大约只有 15km，可质量却是太阳质量的 1.5 倍左右，密度极高。在中子星的概念提出后不久，天文学家就预言中子星可能是超新星爆发的产物。然而，在很长的一段时间里并没有发现中子星的存在。直到 1968 年夏天，贝尔女士和休伊斯教授发现了第一颗脉冲星，第一次证明了中子星的存在。接着，中子星有什么物理性质，其前身星到底是什么，是怎样诞生的及遗迹是什么样子，1054 年的客星与中子星是否存在必然联系等一系列问题亟待解决。1968 年美国天文学家在蟹状星云中发现了一颗脉冲星 (PSR B0531+21)，即蟹状星云脉冲星。这颗高速自旋的“客星”脉冲星证明了 20 世纪 30 年代对中子星的预言即超新星爆发产生中子星的正确性。

1054 年客星与脉冲星的密码被破解，这不仅是天文界的巨大进展，也是中国古天文学的骄傲。现代天体物理告诉我们，当恒星演化到晚期时，将经历超新星爆发，外部物质爆炸扩散而形成我们所看到的星云，即超新星遗迹。而恒星的最终归宿取决于其质量的大小，一般认为质量小于 $8M_\odot$ 的恒星将形成白矮星，质量在 $8\sim25M_\odot$ 的恒星将形成中子星，质量大于 $25M_\odot$ 的恒星将形成黑洞。目前已经发现的超新星遗迹有 400 多个，但是只有不到 25% 的遗迹中或在其附近发现有脉冲星的存在。可能的原因在于：首先，超新星遗迹的寿命较短，在几十万年内便会消散，而脉冲星的寿命一般达到百万年，在其保持稳定旋转的时间内，天文学家都可以用望远镜观测到它的辐射；其次，脉冲星有较大的自行速度 (500km/s)，这将会导致遗迹与脉冲星分离，也就是说年龄大的脉冲星将可能已经跑出超新星遗迹的范围。最后，可能是由于脉冲星的辐射束没有朝向地球或被其他物质所覆盖等，因此没有发现绝大多数脉冲星的超新星遗迹。

天文学家致力于搜寻年轻脉冲星和超新星遗迹相联系的证据，证实超新星爆发是中子星产生的主要机制，这个进展主要从超新星遗迹的高灵敏度的观测研究中获得。以前的观测由于灵敏度不高，只给出了超新星遗迹中比较强的部分的射电图像，当脉冲星处在该遗迹辐射较弱的地方时，就判断脉冲星和这个遗迹无关了。因此蟹状星云脉冲星的发现特别重要，它是超新星爆发产生中子星的关键证据。

第 3 章　脉冲星的观测特征及分类

3.1　脉冲星研究的里程碑

自从第一颗脉冲星被发现以来，已经观测到各种类型的脉冲星及其奇异的现象，例如：

- 1967 年，发现第一颗脉冲星；
- 1968 年，发现蟹状星云与帆船座脉冲星；
- 1969 年，发现脉冲星自转突变 (glitch) 现象；
- 1971 年，发现 X 射线脉冲星；
- 1974 年，发现脉冲星双星；
- 1982 年，发现毫秒脉冲星；
- 1990 年，发现脉冲星行星系统；
- 1990 年，发现孤立磁星 – 超强磁场中子星；
- 1993 年，发现脉冲星三星系统 PSR B1620-26；
- 1998 年，发现吸积 X 射线毫秒脉冲星 $P = 2.49\text{ms}$；
- 2003 年，发现双脉冲星系统；
- 2004 年，发现自转最快的脉冲星 $P = 1.396\text{ms}$；
- 2006 年，发现间歇性射电脉冲星；
- 2009 年，发现吸积 X 射线与射电转换毫秒脉冲星；
- 2017 年，发现自转最慢的射电脉冲星 $P = 23.585\text{s}$。

除此之外，随着观测技术的发展，还有很多新类型的脉冲星及奇异的观测现象被发现，如零脉冲、子脉冲漂移、吸积 X 射线毫秒脉冲星准周期振荡 QPO、磁星活动的射电脉冲星、转动射电暂现源、掩食射电毫秒脉冲星、光学脉冲星、暗 X 射线孤立中子星、中心致密星体、转换脉冲星和球状星团脉冲星等。

3.2　脉冲星主要波段的观测特征

脉冲星是高速旋转的中子星，是一类具有高磁场 ($\sim 10^{12}$Gs) 的致密星体，在强磁场的作用下，星体表面的带电粒子会随着星体的旋转在星体的磁极两端发出电磁辐射并形成辐射光锥。图 3.1 为脉冲星的辐射光锥示意图。一般情况下，中子星的自转轴与磁轴不重合，有些夹角甚至达到了 90°。当辐射束扫过望远镜时，望远镜就可以记录下这颗中子星的脉冲信号，称为灯塔模型。这样，我们把观测到脉冲的中子星称为脉冲星。带电粒子随着电磁辐射会带走中子星自身的能量，这将成为星体转动能流失的主要方式。脉冲星的电磁辐射能谱分布广泛，目前可观测的有射电、光学、X 射线及 γ 射线波段，其中大部分脉冲星的辐射为射电波段，我们把这样的脉冲星称为射电脉冲星。

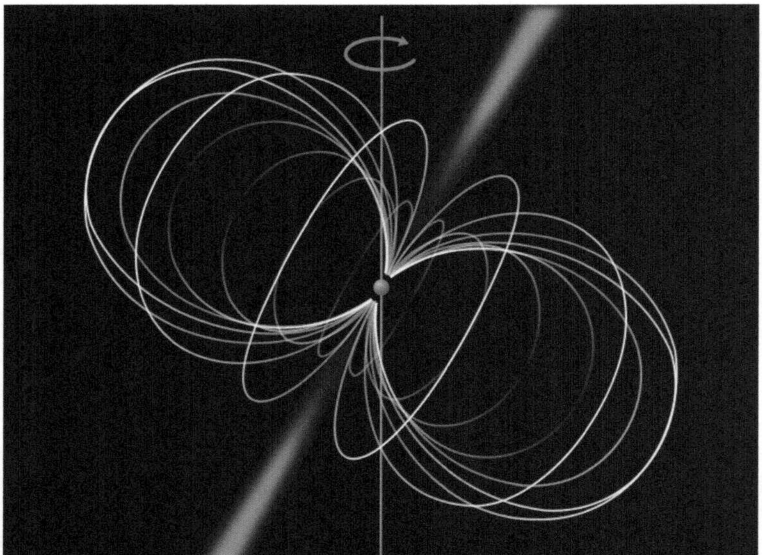

图 3.1　脉冲星的辐射光锥示意图 (后附彩图)

3.2.1　射电脉冲星的观测

自第一颗脉冲星发现后，脉冲星的观测和研究形成了一股热潮，以发现更多脉冲星为目标的巡天不断开展。1974 年赫尔斯和泰勒首次发现了双中子星系统 PSR 1913+16，这个系统除包含一颗高速旋转、拥有强磁场的射电脉冲星外，还包含另一颗中子星。它们使用位于波多黎各岛的阿雷西博 305m 口径射电望远镜探测到其自旋周期为 59ms，在后续的观测中发现其脉冲周期存在系统性的变化：脉冲信号的到达时间存在周期性的漂移，即有时候脉冲信号的到达快于预期理论时间，而有时又比预期理论时间慢，如图 3.2 所示。他们意识到这种平滑的周期性变化可能来自于运动伴星的引力场影响。进一步的理论分析表明，这个系统由两颗相互环绕的中子星组成，轨道周期为 7.75h，轨道偏心率为 0.617。由于这对双星的短轨道、高偏心率和极强引力场，系统的引力辐射相对显著。精确测量的双星轨道周期衰减率与广义相对论预言精确相符，这间接验证了引力波的存在，赫尔斯和泰勒也因此而获得了 1993 年诺贝尔物理学奖。

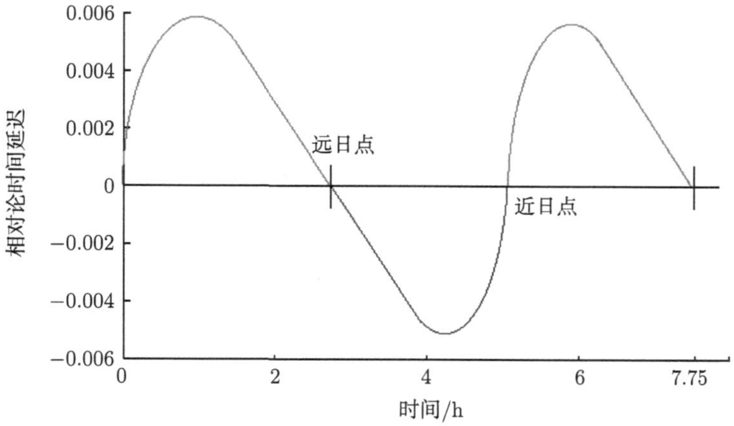

图 3.2 双中子星 PSR 1913+16 周期性的相对时间延迟效应

1982 年，巴克 (Don Backer) 和他的合作者发现了一颗自转极快的脉冲星 PSR B1937+21，它的周期仅为 1.56ms，这是人类历史上发现的第一颗毫秒脉冲星。由于其极短的自旋周期和较低的磁场与当时理论预期存在极大偏离，天文学家意识到毫秒脉冲的形成与双星系统有所关联：星体通过吸积伴星提供的物质逐渐加速至毫秒量级。毫秒脉冲星 PSR B1937+21 还具有极其稳定的自旋周期，其精度足以和铯原子钟相媲美。PSR B1937+21 的这些特点以及发现过程的未预见性，为脉冲星与双星系演化的相关研究开启了新的窗口。

1990 年，沃尔斯克赞 (Aleksander Wolszczan) 利用阿雷西博射电望远镜发现了毫秒脉冲星 PSR 1257+12，其自旋周期为 6.22ms。由于其不同寻常的脉冲形状特征，他们随后进行了进一步的观测，分析结果表明系统轨道上至少存在两颗行星(质量分别为 $2.8M_{\oplus}$ 和 $3.4M_{\oplus}$，$M_{\oplus}$ 为地球质量)，这是发现的第一个带有行星的脉冲星系统，也是对系外行星系统的首次确认。脉冲星周期的精确特性，使得脉冲测时成为探测地外行星的一种重要方法。

自赫尔斯和泰勒首次发现双中子星系统以来，又陆续有 17 对双中子星系统被发现，这类系统包含一颗探测到的射电脉冲星和一颗中子星。唯一已知的双脉冲星系统是 PSR J0737-3039，其两颗脉冲星的自旋周期分别为 23ms 和 2.8s，其轨道周期只有 2.4h，是目前已知轨道周期最短的双中子星系统，此系统极其特殊的物理特性为验证爱因斯坦预言的引力波的存在提供了最优良的实验环境。2006 年的美国 GBT 监测表明，双脉冲星的轨道收缩与引力波预言一致，其精度高达 0.05%。

3.2.2　X 射线脉冲星的观测

与射电脉冲星不同，X 射线脉冲星往往存在于双星系统当中。由于物理条件的差异，这些系统往往表现出不一致的观测特征。按照其辐射的主要来源，一般将它们分为吸积供能的 X 射线脉冲星，核能供能的 X 射线暴以及磁供能的磁星 [包括反常 X 射线脉冲星 (anomalous X-ray pulsar，AXP) 和软 γ 射线重复爆发源 (soft gamma repeater，SGR)]。截止到目前，在银河系内总共观测到的 X 射线双星系统有 300 多个。

X 射线脉冲星和射电脉冲星都被认为是旋转的磁化中子星，它们都具有精确的自旋周期，但大部分在射电波段探测到的脉冲星都是单星系统，由于磁偶极辐射而损失角动量，其自旋周期呈现出稳定增加的趋势。然而，除磁星外，X 射线脉冲星往往存在于双星系统当中，伴星物质通过洛希瓣溢流或星风吸积落入中子星表面产生 X 射线辐射，而吸积物质往往具有较大的角动量，因此 X 射线脉冲星伴有自旋加速的趋势。

- 吸积毫秒脉冲星

1998 年 RXTE 卫星发现了第一颗吸积毫秒脉冲星 (AMSP) SAX J1808.4-3658。这颗脉冲星的脉冲轮廓具有极端明显的不对称性，表明中子星辐射能谱包含黑体辐射和康普顿散射两个部分。此后，约有 30 颗 AMSP 被发现，其脉冲周期与射电毫秒脉冲星分布一致。这些发现证实了射电毫秒脉冲星是在双星系统吸积阶段实现的，吸积结束后，射电辐射开始主导释放能量的进程。

• I 型 X 射线暴

I 型 X 射线暴主要在 LMXB 中被观测到，爆发的间隔通常在几小时至几天之间。处于爆发态时，X 射线光度会在 0.5~5s 的时间内上升一个量级以上，随即衰减期的时标为 10~100s，整个爆发所释放的能量大约在 10^{40}erg/s。自 I 型 X 射线暴于 1975 年被首次发现以来，现已观测到 100 多个 I 型 X 射线暴源。

通过计算，人们发现吸积物质的引力能无法提供 X 射线爆发所需的能量，于是很快认识到热核模型可以很好地解释 X 射线爆发的现象，即爆发的能量主要来自于中子星表面吸积物质间歇性的不稳定热核暴。事实上，观测上得到的爆发态辐射的总能量与非爆发态 X 射线辐射能的比例和单个核子所能释放的核能与引力能的比例相同。热核模型的主要观点是：吸积物质在中子星表面积聚，直到吸积层底部达到临界条件而触发热核反应并释能量。由于吸积物质成分以及吸积率的不同，X 射线暴的爆发间隔从小时量级到天量级变化。除了暴的间隔时标和总能量，I 型 X 射线暴的上升和衰减时标、峰值光度等都能利用热核模型得到很好的解释。

• 反常 X 射线脉冲星

AXP 的自旋周期的范围一般在 2~12s，较慢的自转速度意味着 X 射线的辐射能量不可能来自自转能的损失。AXP 的脉冲周期、自旋衰减率及宁静态时 X 射线的辐射特征都与软 γ 射线重复暴相似，其较快的自旋衰减率预示着非常强的磁场 (磁场强度为 10^{13}~10^{15}Gs)，因而一般认为 AXP 和 SGR 一样都为强磁中子星，即磁星。

3.2.3 γ 射线脉冲星的观测

γ 射线脉冲星主要辐射高能量的 γ 射线，除此之外有些源还伴随有射电辐射，其辐射所需能量一般认为由脉冲星自转能提供，如帆船座脉冲星和蟹状星云脉冲星。从发现第一颗 γ 射线脉冲星至今，已探测到的 γ 射线脉冲星达 250 多颗。

1979 年，一个与超新星遗迹成协的 γ 射线源在大麦哲伦星云 (large Magellanic cloud，LMC) 附近被发现，随后的观测显示这个源与正常的 γ 射线暴源不同，它辐射的光子更软，并且伴有重复爆发的现象，一般认为这类源为磁星。1998 年，马歇尔太空飞行中心的天文学家库维罗托 (Chryssa Kouveliotou)，通过比较自 1993 年以来源 SGR 1806-20 的爆发周期的变化 (增长了 0.008s)，计算出其磁场为 $\sim 8\times10^{14}$Gs，与预测的磁星性质一致。

3.3　特殊脉冲星的分类及观测性质

目前已经发现约 3000 颗脉冲星，大量脉冲星的发现得益于各大望远镜的巡天工作。如澳大利亚帕克斯 64m 射电望远镜、美国阿雷西博 305m 射电望远镜、绿岸 100m 射电望远镜和英国洛弗尔 76m 射电望远镜等。其中帕克斯的巡天工作最为成功，帕克斯多波束脉冲星巡天 (Parkes multibeam pulsar survey，PKSMB)，帕克斯中纬度脉冲星巡天 (Parkes swinbume multibeam pulsar survey，PKSSW) 和帕克斯高纬度脉冲星巡天 (Parkes high-latitude multibeam pulsar survey，PKSHL) 共探测到了 1407 颗脉冲星，约占现所发现脉冲星总数的一半。值得期待的是，新一代更高性能的射电望远镜 (如我国贵州的 FAST 射电望远镜、未来南非与澳大利亚的 SKA 平方千米干涉阵列、新疆 QTT 望远镜等) 的加入不仅会大大增加所发现的脉冲星数目，甚至可能发现新类型的脉冲星。按照供能方式，脉冲星可划分为转动供能脉冲星、吸积供能脉冲星、核能供能脉冲星、热能供能脉冲星及磁能供能脉冲星 —— 磁星。转动供能脉冲星包括射电脉冲星、X 射线脉冲星和旋转射电暂源 (RRAT)。吸积供能脉冲星位于双星系统中，脉冲星通过吸积伴星物质获得自旋加速的动力，从而达到星体演化的目的。按照有无伴星，脉冲星可划分为孤立中子星和双星脉冲星，还有一些脉冲星存在于三星系统中。在双星系统中，根据伴星质量的不同，又可以将其分为高质量 X 射线双星系统 (HMXB，其伴星质量为 $\geqslant 8M_{\odot}$)、中等质量 X 射线双星系统 (IMXB，伴星质量在 $3\sim5M_{\odot}$) 以及低质量 X 射线双星系统 (LMXB，伴星质量 $1\sim2M_{\odot}$)。双星系统伴星的种类可以是行星、大质量恒星、白矮星，甚至是中子星或者黑洞。未来，随着大型射电望远镜的使用，将可能发现更多奇特类型的脉冲星。按照自旋周期，脉冲星可划分为正常脉冲星 ($P\sim0.5$s) 和毫秒脉冲星 ($P \leqslant 10$ms)。正常脉冲星一般多为孤立的脉冲星；毫秒脉冲星属于较年老的脉冲星，只能诞生于双星系统，而一部分毫秒脉冲星是孤立的，可能是毫秒脉冲星的高能辐射蒸发了伴星。

3.3.1　正常脉冲星

我们一般将自旋周期大于 10ms 的孤立脉冲星称为正常脉冲星。目前观测到的正常脉冲星的数量大约有 3000 颗，主要分布在银道面 100pc 的厚度内，其中自旋周期最大的射电脉冲星是 PSR J0249+58 (23.585s) 。简单的统计发现：大部分正常脉冲星的周期主要集中在 500ms 附近，其典型的磁场强度 $B \approx 10^{11}$Gs，特征年龄 $T \approx 10^7$yr①。

3.3.2 毫秒脉冲星

毫秒脉冲星是一类特殊的脉冲星，其年龄一般较大。它的自转速度非常快，自旋周期小于 10ms，其周期大部分集中在 5ms。与正常脉冲星相比毫秒脉冲星的磁场较低，为 $10^{7.5}$～$10^{9.5}$Gs，然而其平均质量大于正常脉冲星，约为 $1.57M_\odot$。

一般认为毫秒脉冲星是在双星系统中通过吸积产生的。观测发现毫秒脉冲星大部分存在于 LMXB 或 HMXB 中。在双星系统中，如果其伴星质量较小，存活时间会较长。随着时间的演化，伴星逐渐膨胀，后期充满洛希瓣，越过拉格朗日平衡点，被主星吸积。由于脉冲星具有极强的磁场，带电物质受到洛伦兹力的作用，并不能沿直线运动到达脉冲星的表面，而是沿着磁力线到达脉冲星磁轴的两极，其能量转化为脉冲星的自转能，从而使脉冲星自转加速。因为伴星存在时间长，主星就有充分的时间吸积，从而把自旋周期加速到毫秒量级。如果伴星质量比较大，存活时间会比较短，在较短的吸积时间内主星无法加速到毫秒量级，所以毫秒脉冲星主要诞生于 LMXB。

双星系统中，脉冲星从伴星吸积物质而加速，随着吸积的不断进行，吸积的带电物质到达磁轴两极，随着时间增长，伴星物质不断在脉冲星中累积，所以其质量也会比普通脉冲星稍微大一些，这也是双星吸积理论的一个强有力的证据，而且在磁极堆积并不断增多的物质会对脉冲星磁场的屏蔽作用越来越明显，使磁场逐渐减小，所以毫秒脉冲星的磁场低于普通脉冲星。

孤立毫秒脉冲星形成的原因可能如下：① 主星的辐射使得伴星被完全蒸发；② 双星系统中，伴星超新星爆发致使两星分离；③ 孤立大质量恒星超新星爆发后诞生毫秒脉冲星。

至 2018 年 5 月为止，已发现毫秒脉冲星 316 颗，其中有 195 颗处于双星系统中，121 颗是孤立的毫秒脉冲星。由上文可知，毫秒脉冲星诞生于双星系统，而真实观测中却发现大约有 1/3 的毫秒脉冲星是孤立的。目前认为孤立毫秒脉冲星形成的原因可能有如下两个方面：① 双星系统中，伴星超新星爆发致使两星分离。在毫秒脉冲星双星系统中，伴星由于超新星爆发，产生大的踢速度，从而使伴星逃离毫秒

① 年的单位符号一般用 a 表示，但是在天文学领域惯用 yr 表示。

脉冲星，破坏双星系统，产生孤立毫秒脉冲星。② 主星的辐射使得伴星被完全蒸发。由于伴星质量较小，当随着脉冲星辐射束扫过时，伴星物质不断被剥离，直至完全消失。

3.3.3 γ 射线脉冲星

费米脉冲星是指由费米 γ 射线太空望远镜上的大区域望远镜 (LAT) 发现的 γ 射线脉冲星，主要分为三类：毫秒费米脉冲星，射电宁静费米脉冲星，射电噪费米脉冲星。目前，共发现了 250 多颗费米脉冲星，其中毫秒费米脉冲星 100 多颗，脉冲星双星 80 多颗，射电宁静费米脉冲星 70 多颗。费米脉冲星的周期分布在 1.56 ~ 620.35ms，磁场分布范围为 $8.23 \times 10^7 \sim 4.06 \times 10^{13}$Gs，它们在银河系中的分布则比较弥散 (图 3.3)。

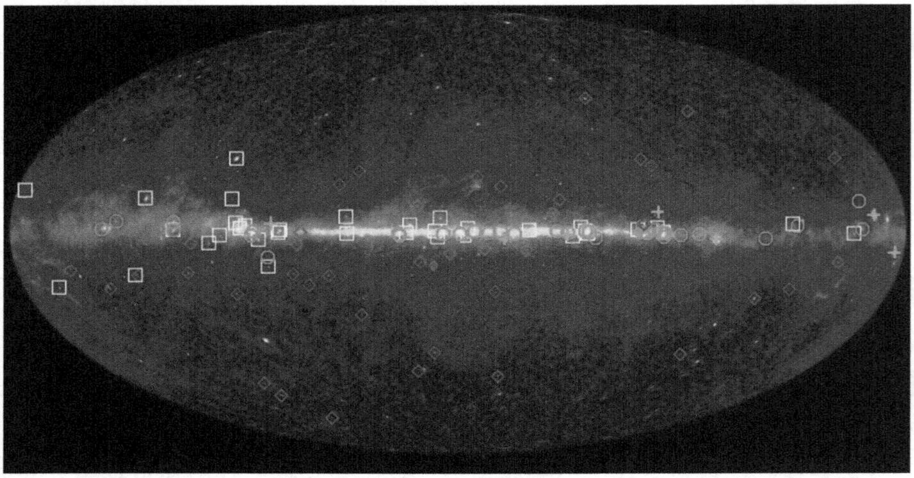

图 3.3 费米探测到的 116 颗脉冲星的空间分布 (后附彩图)

研究费米脉冲星的辐射机制是非常热门的课题。脉冲星高能辐射机制主要包括热辐射机制和非热辐射机制两种，其中热辐射只占很少一部分，大部分高能辐射为非热辐射。热辐射机制主要是由脉冲星表面的高温产生的黑体辐射；非热辐射的产生比较复杂，它与脉冲星的磁场及星体表面带电粒子等都有关系。观测发现费米脉冲星的 γ 射线和射电辐射存在延迟，平均延迟为 0.1 个相位，这说明射电辐射和 γ 射线辐射的发生并不在脉冲星的同一位置，一般认为射电辐射发生在极冠附近，而 γ 射线辐射发生在磁层上。

费米脉冲星拥有三个重要的特点: ① 某些费米脉冲星没有射电辐射 (射电宁静费米脉冲星); ② 光变曲线特殊; ③ 毫秒脉冲星所占的比例较大。

下面我们依次介绍。

射电宁静费米脉冲星是指在 1400MHz 处的射电流量密度低于 30μJy，它们只存在于年轻的费米脉冲星中。对于所有年轻的费米脉冲星，它们的能损率 $\dot{E} > 3\times10^{33}$erg/s，这反映出了射电辐射和 γ 辐射波束的不同。在年轻的费米脉冲星中，随着脉冲星能损率的增加，射电宁静费米脉冲星的数量有减少的趋势，大部分的射电宁静费米脉冲星的能损率在 $10^{33}\sim10^{35}$erg/s，而能损率 $\dot{E} > 10^{37}$erg/s 的九颗年轻的费米脉冲星中只有一颗是射电静止的。沃特斯 (Watters) 等认为可以通过波束演化对这种现象进行解释，脉冲星的射电辐射在极冠附近产生，而 γ 射线辐射在磁层附近产生，而比较年轻的费米脉冲星的磁倾角可能比较大，所以既能探测到射电辐射又能探测到 γ 射线辐射。随着时间的演化，脉冲星的磁倾角逐渐减小，趋于与自转轴平行，射电波束与 γ 射线波束逐渐分开，也就是说出现了射电宁静费米脉冲星。还有另一种解释: 对于能损率比较高的脉冲星，射电束位于磁层高纬度的地方且波束很宽，而能损率比较低的脉冲星的射电束的产生位置会向脉冲星表面移动，这导致射电束的覆盖范围变小，射电宁静费米脉冲星数量也就相应增多。此外，为什么毫秒费米脉冲星中不存在射电宁静费米脉冲星? 射电宁静费米脉冲星与射电费米脉冲星究竟有什么区别? 这都是值得探索的问题，通过对费米脉冲星的多波段观测可能会解决这些问题。

对于费米脉冲星的光变曲线，虽然毫秒费米脉冲星的光变曲线与年轻费米脉冲星的光变曲线的轮廓有一定的差别，但是它们大部分在射电主峰之后出现了两个尖锐的 γ 射线峰，分别为 P_1 和 P_2，其中 P_1 与 P_2 的比值 P_1/P_2 随着能量的增加而增大。还有一些脉冲星在 P_1 和 P_2 之间出现了第三个峰，如蟹状星云脉冲星和帆船座脉冲星，而且第三个峰的相位会随着能量的变化而移动，目前脉冲星的几何模型都没有预测到这种奇特现象。然而，部分脉冲星只存在单峰，原因可能是第一个峰因设备原因无法探测到或者两个峰混合到了一起。此外，射电费米脉冲星的射电峰与 P_1 峰之间延迟 δ 也是一个重大的发现，它是费米脉冲星多波段观测的一个重要特点之一，观测发现毫秒费米脉冲星要比年轻费米脉冲星的射电延迟 δ 大一些。而且对于一些年轻的费米脉冲星 δ 与 Δ (两个相邻 γ 射线峰之间的间隔) 呈反相关，这符合外磁层模型的预言，毫秒费米脉冲星与单峰的年轻费米脉冲星的这种关系则不明显。

费米 γ 射线太空望远镜对毫秒脉冲星的探测具有巨大的优势，在费米第二期源中所发现的 116 颗脉冲星中有 40 颗毫秒脉冲星，目前费米 γ 射线太空望远镜已经发现了 100 多颗毫秒脉冲星。年龄较大且能量较低的费米脉冲星的 γ 射线效率 ($L_y/(Et)$，其中 L_y 是 γ 射线光度，E 是脉冲星能量) 更高，但存在一定误差。这是由于对脉冲星光度的精确测定非常困难，光度的精确测量依赖于脉冲星到地球的距离，可能还会受到物理效应的影响，而迄今为止没有一种可以准确测量脉冲星距离的方法。此外对于某些脉冲星的潜在 γ 脉冲束的不确定性也是增大误差的一个不可忽略的因素。

因为高能粒子的穿透性比较强， γ 射线探测对脉冲星研究具有很大的优势：① 某些间歇射电脉冲可能是由介质对射电辐射的阻挡造成的，而 γ 射线可以穿透介质，这就为辐射源的研究提供了很好的机会；② γ 射线探测比射电探测更容易发现能损率较高且自转较快的脉冲星，如毫秒脉冲星。射电观测对费米脉冲星的研究也具有独特的优势：① 费米脉冲星的射电观测结果对相应的射电波束理论起到了约束作用，进而可以通过射电波束与 γ 波束的对比促进对脉冲星辐射的研究；② 射电观测对大区域望远镜 (LAT) 所探测到的未发现对应体的源的分辨具有很大的优势；③ 射电观测可以针对射电宁静费米脉冲星进行更精确的测定。

总之，多波段观测对脉冲星的研究至关重要。费米 γ 射线太空望远镜观测提供了一个不同于射电探测的脉冲星样本，它们之间通过互相引导、验证、互补可以减少选择效应带来的偏差，从而获得更完整的脉冲星样本，促进脉冲星的研究。

3.3.4　磁星

磁星是拥有较高磁场的一类特殊脉冲星，它具有以下特点：① 非常强的偶极磁场 ($B \sim 10^{14} \sim 10^{15}$Gs)；② 较长的自旋周期 ($P \sim 10$s)，较大的自旋周期变化率 ($\dot{P} \sim 10^{-13} \sim 10^{-11}$s/s) 和较短的特征年龄 ($\tau \sim 10^3 \sim 10^4$yr)；③ $\dot{E} \ll L_{\rm X}$($\dot{E}$ 和 $L_{\rm X}$ 分别表示磁星自转减速的能损率和 X 射线辐射的光度)，其辐射通常既包括热辐射成分又包括非热辐射成分；④ 某些磁星可以产生巨大耀发，能量最高可达 10^{47}erg/s；⑤ 磁星都是孤立的脉冲星；⑥ 自转减速过程很不稳定，通常伴随着跃变和计时噪声，由此导致磁星的脉冲轮廓、光谱等发生变化。

根据加拿大麦吉尔大学的磁星表，到现在为止发现磁星 29 颗，其中有 25 颗观测到周期数据，24 颗推出了磁场数据，15 颗 SGR(11 颗已确定，4 颗候选)，14 颗 AXP(12 颗确定，2 颗候选)。此外的 1 颗源 (J1846-0258) 观测到了类似于磁星的爆发，但并不确定是否是磁星。从图 3.4 中可以看出，磁星主要分布在磁场自旋周期图的右上角，周期分布在 2072.13 ~ 11788.98ms，磁场分布在 $7.5\times10^{12}\sim2.0\times10^{15}$Gs。从图 3.5 的脉冲星在银河系的空间位置分布图中可以发现，目前发现的磁星大多数位于银盘附近，只有 CXOU J010043.1-721134 离银盘比较远。磁星的 X 射线光度大约是自旋减速光度的 100 倍，这说明磁星除自旋外还需要额外的能量供应，而且磁星的光谱中既包含热辐射成分，又包含非热辐射成分。一些磁星也会发射射电辐射，但是磁星的射电谱与普通脉冲星的射电谱有很大的不同，磁星的射电谱更加扁平，脉冲轮廓的变化与时间有很大的相关性。一般说来，磁星的磁场大都较强，比正常脉冲星高出 2 ~ 3 个量级，但 SGR 0418+5729 例外，它的磁场约 7.5×10^{12}Gs。这对磁星的定义提出了挑战，磁星并不一定都表现强磁场。一般认为 SGR 0418+5729 是老年的磁星，磁场已经衰减得比较弱了，但它仍拥有比较强的内部磁场，偶尔会破坏脉冲星星壳产生 γ 射线暴。这颗源的发现表明磁星的数量要比预想的多，而且对 γ 射线暴、超新星等的研究具有深远的影响。

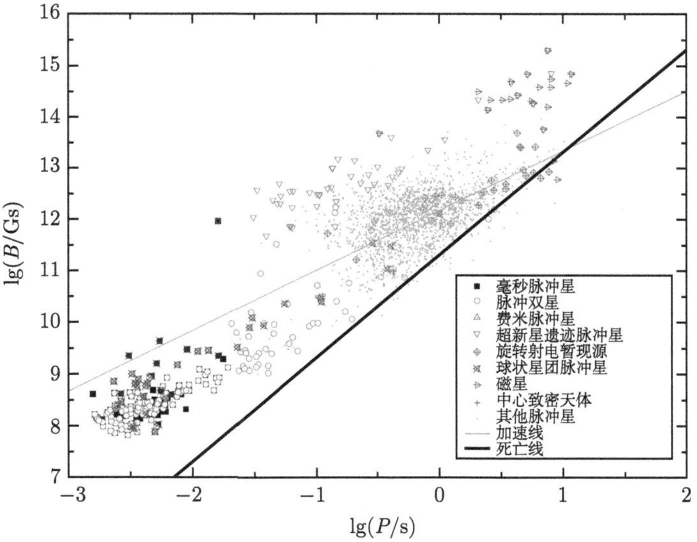

图 3.4 八类脉冲星的磁场–自旋周期 B-P 分布图

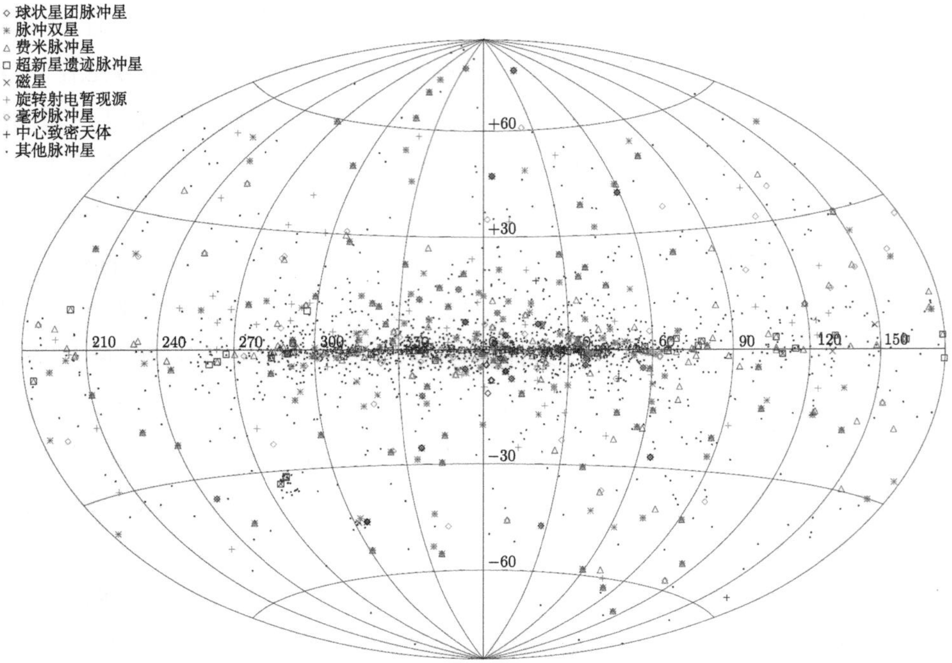

图 3.5　脉冲星在银河系的空间位置分布图

磁星的主要来源分为：AXP 和 SGR。SGR 是在硬 X/软 γ 射线波段产生的高强度可重复的短暴，约几年爆发一次，每次持续时间几十毫秒。1979 年，一个与超新星遗迹成协的 γ 射线源在大麦哲伦星云附近被发现，随后的观测显示这个源与正常的 γ 射线暴源不同，它辐射的光子更软，并且伴有重复爆发的现象。首颗 SGR 于 1979 年被发现，当时认为这颗源是 γ 射线暴，可持续几百毫秒，释放的能量平均为 $10^{40} \sim 10^{41}$erg/s，每经过几年爆发一次，有时还会出现超级耀发，此时的能量最高可达到 10^{47}erg/s。超级耀斑已经在三颗 SGR 上 (SGR 0526-66、SGR 1900+14 和 SGR 1806-20) 观测到。1998 年，探测到了源 SGR 1806-20 在其 X 射线休止期间的脉冲周期及较大的周期衰减率，根据磁偶极模型推算出它的磁场高达 10^{15}Gs。同年，马歇尔太空飞行中心的天文学家库维罗托 (Kouveliotou) 检验出了 SGR 的中心天体可能为磁星，理论认为 SGR 的爆发使得星体能量损失而导致其自转变慢，通过比较源 SGR 1806-20 自 1993 年以来爆发周期的变化 (增长了 0.008s)，计算出中心天体磁场 $\sim 8 \times 10^{14}$Gs，如此高强度的磁场与磁星的性质相一致。

AXP 的 X 射线谱较软，通过其自旋周期变化率可以推断出其 X 射线不是来自于自转能的损失，并且结合自旋周期得到的星体表面磁场高达 $10^{13} \sim 10^{15}$Gs，自旋周期一般为 $2 \sim 12$s，较慢的自转速度意味着 X 射线辐射不可能源自自转能的损失，宁静态时 X 射线的辐射特征都与 SGR 相似，其较快的自旋衰减率预示着非常强的磁场，所以一种较好的解释是它们是具有超强磁场的磁星；另一种解释是在吸积模型中，AXP 被认为是具有正常磁场强度的中子星，通过吸积物质产生的能量造成中子星的自转变化。结合现在的观测情况，AXP 使磁星的推断更加具有说服性。首颗 AXP 被 EXOSAT 发现于 1980 年，当时被认为是特殊的 X 射线吸积脉冲星，它的 X 射线光度约为 10^{35}erg/s，但是在它的附近没有发现伴星或者吸积盘。

此外，一种有趣的现象是磁星也可以产生射电辐射，目前只探测到了 4 颗这种类型的磁星：XTE J1810-197、AXP 1E 1547-5408、PSR 1622-4950、SGR J1745-2900，其中 PSR 1622-4950 是唯一一颗由于射电探测而发现的磁星。虽然射电磁星的样本很少，但是仍发现了它们射电辐射的一些性质：① 射电辐射与 X 射线辐射相关联；② 射电辐射流量随 X 射线辐射流量一起衰减，但射电辐射流量衰减的开始时间却是延迟的；③ 它在射电波段变化非常明显；④ 射电辐射光谱相对扁平。里阿 (Nanda Rea) 等在 2012 年的论文中指出：当射电磁星处于宁静态时，$L_X < \dot{E}$，射电宁静的磁星通常为 $L_X > \dot{E}$。汤姆孙 (Christopher Thompson) 等认为当磁星 $L_X > \dot{E}$ 时，星体附近大量的带电粒子会对磁场产生影响，从而阻碍射电辐射的产生。但是这种理论只适合有限的几颗磁星。目前关于磁星的射电辐射触发机制的研究还处于初步阶段，有待于未来的进一步探索。未来的大型射电望远镜可以以射电宁静的磁星为重要观测目标，对磁星的射电辐射进行更深层次的探索。

虽然仍有很多不清楚的地方，但是最近几十年来对磁星的研究已经取得了巨大的进步，关于磁星的形成与演化、磁场结构、辐射机制以及与其他孤立脉冲星的关系等问题的研究取得了巨大的成果。尤其是低磁磁星 (SGR 0418+5729、J1822.3-1606) 的发现表明了磁星不一定拥有强偶极磁场，而是拥有强的内部磁场的极向分量。此外，低磁磁星的发现暗示了磁星的真实数量要比我们以前预测的多，因此磁星诞生率应该比预测的要高。在演化方面，磁星很可能是在高质量的 X 射线双星中诞生的，其前身星质量较大而且与伴星的距离较近。磁星经过演化很可能会变成孤立的暗 X 射线脉冲星。最近提出的吸积磁星，认为高亮度 X 射线源 (ultraluminous

X-ray source，ULX) 是由处在高质量 X 射线双星中的磁星通过吸积产生的，但是，至今也没有发现位于双星系统中的磁星。关于磁星磁场的结构问题也不清楚，例如，磁场在星体核与壳、壳与磁层交汇处会发生怎样的变化等问题。在辐射机制方面，磁星的扭曲磁层模型已被广泛接受，在磁层处粒子对的共振回旋加速散射解释了磁星的多波段辐射，尤其是在软 X 射线波段与观测得到的光谱符合得非常好。但是，许多基础的问题仍不清楚，如因磁星所造成的极端环境导致的光子分裂、电子偶素分裂等问题。对于磁星暴的研究方面，并没有一个理想的模型可以解释暴的发生，磁重连是解释 γ 射线辐射的一个可能的方案。通过强磁俘获等离子体对形成火球模型可解释巨大耀斑的尾巴，等离子体可解释射电余晖。在磁星的暴中也出现了准周期振荡，关于暴的触发机制还不清楚，可能是由于星震产生的。

3.3.5　中心致密天体

中心致密天体 (CCO) 是距离超新星遗迹中心附近的 X 射线源，它是由钱德拉 X 射线天文台首次发现的一类孤立的年轻脉冲星，并且没有观测到其他波段的辐射或者脉冲星星风。目前已经发现了约 10 颗 CCO，但是只有三颗测出了周期和磁场，分别是：位于超新星遗迹仙后座 (Cas) A 中心附近的 1E 1207.4-5209，周期 $P = 424\text{ms}$，周期变化率为 $\dot{P} = 2.13 \times 10^{-17}\text{s/s}$ 或 $\dot{P} = 1.26 \times 10^{-16}\text{s/s}$；超新星遗迹船尾座 (Puppis) A 中心附近的 RX J0822.0-4300，周期 $P = 112\text{ms}$，周期变化率为 $\dot{P} < 3.5 \times 10^{-16}\text{s/s}$ 和超新星遗迹 Kes 79 内中心附近的 CXOU J185238.6+004020，周期 $P = 105\text{ms}$，周期变化率为 $\dot{P} = 8.68 \times 10^{-18}\text{s/s}$。在 B-P 图中 (图 3.4) 可以发现，这三颗 CCO 分布在毫秒脉冲星与常规脉冲星之间的区域，在空间分布图 (图 3.5) 中，它们分布在银盘附近。

CCO 具有以下几个观测性质：① 与超新星遗迹成协，属于比较年轻的脉冲星，年龄大约为几千年；② 射线辐射，其光度为 $10^{33} \sim 10^{34}\text{erg/s}$，大于它的转动能损率；③ 没有观测到射电辐射和光学辐射，附近也没有发现脉冲星星风；④ 周期变化率很小，磁场较低，磁场在 $10^{10} \sim 10^{11}\text{Gs}$。大部分 CCO 的 X 射线辐射近似为黑体辐射，其温度在 $2321 \sim 5803\text{K}$，还有一些 CCO 辐射光谱表现为混合的黑体成分，通过黑体辐射或氢大气模型推测出的辐射区域半径小于 1km，远远小于中子星的半径。最近，有研究者用碳大气模型 (碳表示比氢或氦更重的元素) 来解释位于仙后座 A 的源，计算得到的辐射半径与中子星半径接近，这表明中子星的吸积会在其表面积累大量的重粒子。观测还发现仙后座 A 的温度在十年期间下降了 40%，而标准的中子星模型计算出的温度不可能下降这么快，这为中子星内核的超流量模型提供了证据。在一些中子星光谱中发现了吸收线，可能是电子的回旋加速线。但是对于所有的 CCO 目前并没有发现非热辐射的成分。CCO 的热辐射很可能是由中子星的冷却导致的。如果假设 CCO 表面的大气由氢组成，那么通过计算得出其辐射区域的半径小于 1km，这与理论相矛盾，因为 CCO 的低磁场性质并不支持产生如此小的辐射区域。假设 CCO 的大气层由重元素组成，那么得出的结果与理论比较相符，也就是说 CCO 的大气层存在一些较重的元素，但这些重元素的来源并不清楚，可能是对附近的物质的吸积所致。此外，CCO 的热辐射也可能是由它们对残留盘的吸积造成的。

CCO 的一个显著特性是 X 射线的光度大于其自转减速的光度，X 射线的光度为 $10^{33} \sim 10^{34}$erg/s。这种情况可能是残留物的冷却提供了热辐射光谱，也可能是由超新星爆发残留物的冲击造成的。弱磁场 ($10^{10} \sim 10^{11}$Gs) 是 CCO 的另一个非常奇特的性质，基于此 CCO 还被称为反磁星。对于其弱磁场的形成原因目前主要有两种解释：① 诞生时它们的磁场就比较弱；② 诞生时和常规中子星一样磁场较强，但通过演化导致磁场减弱。

随着 CCO 在演化，其磁场可能会衰减，目前关于其磁场的研究已经取得了一些进展：① 沙巴塔斯特 (Natalia Shabaltas) 等认为 CCO 拥有较强的环向磁场，并基于此构建模型，成功解释了 Kes 79 较高的脉冲比例；② 哥特赫夫 (Gotthelf) 等认为 CCO 拥有强的径向磁场，从而解释了其具有较小的辐射区域的原因；③ 维加诺 (Viganò) 认为超新星爆发残留物的回落可导致 CCO 的磁场变弱，CCO 吸积附近的超新星遗迹残留物导致磁场被掩埋，所以我们观测的磁场会比较低，此过程中大约吸积 $10^{-3}M_\odot$ 的物质；④ 罗 (Luo) 等通过对超新星爆发回落物掩埋方案的模拟认为大约经过 10^5yr，CCO 表面的磁场可以恢复到原来的水平。

此外，CCO 中可能有一部分是磁星，目前有两颗候选体：CXOU J2323 和 1E 161348-5055。CXOU J2323 可能是处于休眠状态的磁星，通过克劳斯 (Krause) 等的观测推测 CXOU J2323 曾经产生过巨大的耀发，光度达到 2×10^{46}erg/s，类似于 SGR。它的性质也与宁静时期的 AXP 或低光度的 SGR 相似，但是目前没有发现直接的观测证据。1E 161348-5055 可能是“制动磁星”，它的光度、辐射流量等参数会随着时间的改变而产生周期性的变化，周期约 6.67h。除了具有较长的周期，1E

161348-5055 的其他性质与 AXP 非常相似，目前发现的 AXP 的周期在 $2 \sim 12\mathrm{s}$，可能存在特殊的制动方式导致它的自转速度变得很慢。

目前关于 CCO 的起源问题尚不清楚，它们很有可能起源于双星系统。通过对超新星遗迹 G353.6-0.7 以及其中心后渐近支巨星的观测，多罗申科 (Doroshenko) 等推测此后渐近支巨星和其附近的 CCO 的前身星处于双星系统中，超新星爆发导致了它们分离，这是目前所发现的唯一的证据，即 CCO 起源于双星系统。另外一个非常重要的问题：CCO 附近的超新星遗迹是不是它们自身的？也就是说 CCO 的遗迹经过长时间的演化变得黯淡，无法探测，而目前其附近的超新星遗迹是其他星体爆炸产生的，这方面的探索很可能会开辟 CCO 研究的新篇章。

3.3.6　旋转射电暂现源

旋转射电暂现源 (RRAT) 是一类重复发射射电辐射的脉冲星源，不同于正常脉冲星的源，它只具有潜在的周期，辐射主要集中于射电波段。目前，共发现了 112 颗 RRAT，所有的 RRAT 都是孤立的，其中 88 颗测到了周期数据，仅有 29 颗计算出了磁场。它们的周期在 $125.23 \sim 7707.18\mathrm{ms}$，平均值 2221.09ms，磁场在 $4.37 \times 10^{11} \sim 5.01 \times 10^{13}\mathrm{Gs}$，平均值 $3.62 \times 10^{12}\mathrm{Gs}$ (图 3.4)。它在银河系中分布弥散 (图 3.5)，没有明显的分布规律。

单脉冲巡天是寻找 RRAT 的重要方法，因为单脉冲搜寻可以通过对单个脉冲的分析来确定源的性质，更容易发现长周期、强磁场、接近死亡线和脉冲间断的脉冲星。一般来说，单脉冲巡天主要包括两个步骤：① 通过消色散确定 DM 值的范围，此过程与脉冲星周期性巡天的消色散过程是相同的，它们都是通过快速傅里叶转换得出空间特定位置预期的电子密度的；② 搜寻出每个单脉冲的时间序列，并且保证信噪比要高于其阈值的 4σ，此过程可以通过把时间序列分成多个部分，然后再计算每部分的平均值和均方根。在此过程中，如果发现脉冲星的间歇比率 $r > 1$，则被认定为 RRAT。RRAT 的辐射主要集中于射电波段 (频率 1.4GHz)，每经过几分钟或几小时会探测到一次持续几毫秒的暴，某些 RRAT 也可以辐射 X 射线，这点和磁星非常像，但并没有找到它们之间存在联系的直接证据。RRAT 无确定的周期但也被认为是中子星，原因有以下几点：① RRAT 脉冲星的脉冲宽度 ($1 \sim 30\mathrm{ms}$) 明显比典型的白矮星小，而且它的单个脉冲宽度和射电脉冲星的脉冲宽度很相似；② 它们的脉冲拥有高亮度温度，为 $10^{20} \sim 10^{24}\mathrm{K}$，这和射电脉冲星很相似；③ 它

们的潜在周期为 $0.1 \sim 0.7\text{s}$，是典型的中子星转动周期；④ 通过对这些源的研究发现它们的周期增长率和典型的脉冲星周期增长率相似，在 $10^{-13} \sim 10^{-16}\text{s/s}$ 的范围内。

RRAT 的发现促进了对脉冲星辐射的研究。脉冲星的探测受限于最高辐射流密度与平均辐射流密度的比值，也就是说与脉冲星离地球的距离有关，如果 RRAT 距离地球足够远则只能观测到部分脉冲，这成功解释了一些距离较远的脉冲星。此外，它还可能与超新星遗迹中的物质回落现象有关。

所有的 RRAT 都有射电辐射，因此在射电波段的搜寻对 RRAT 的发现至关重要。但是，目前的“网格”观测并不适用于 RRAT，我们不能确定其观测的目标是无辐射产生的星体还是处于不产生辐射阶段的 RRAT。因此需要长时间的观测来确定时间分辨率，从而确定是否为 RRAT。通过确定时间分辨率，我们就能推算出 RRAT 的能损率、磁场强度及演化时间尺度等特征。RRAT 的发现带来了两个重大的问题：一个是脉冲星的诞生率问题，另一个是 RRAT 的射电辐射机制以及与其他脉冲星的关系。

RRAT 的发现意味着银河系中存在大量未被发现的脉冲星。麦克劳克林 (McLaughlin) 等根据最初发现的 11 颗 RRAT 估算了银河系中存在 $2 \times 10^5 \sim 4 \times 10^5$ 颗脉冲星，远大于以前所估计的脉冲星数量，但是根据目前所推测的超新星爆发率并不能产生如此众多的脉冲星，这说明不同类型的脉冲星之间可能存在着联系。RRAT 很可能是由其他类型的脉冲星演化而来的，对某些 RRAT 的观测结果也支持这种推论。J1819-1458 是唯一一个拥有 X 射线辐射的 RRAT，它的周期 $P = 4.2\text{s}$，辐射谱为黑体谱 (能量约为 140eV，即 $kT = 140\text{eV}$，其中 k 和 T 分别为玻尔兹曼常量和温度)。并且探测到了 0.5keV 的光谱吸收线，由此推出磁场 $B = 2 \times 10^{14}\text{Gs}$，它可能与高磁场射电脉冲星或磁星有关。J1819-1450 和 J1119-6127 表现出了异常的跃变，它们的跃变恢复后，脉冲星的自转频率变化率 ($\dot{\nu}$) 却减小了，与其他脉冲星的跃变性质相反。J1819-1450 是唯一一个探测到射电偏振的源，它的偏振方位角表现出 “S” 形状的摆动。但是后来利用精度更高的望远镜跟踪观测表明，这类跃变带有周期性，如果这种异常跃变是它的固有性质，那么此脉冲星很有可能是由磁星演化而来的。

RRAT 的射电辐射产生机制也不清楚。RRAT 辐射的单个脉冲很可能与巨脉冲有联系，巨脉冲通常与脉冲星光速圆柱面处的磁场强度有关，而根据 P 和 $\dot{P}$ 推测的 RRAT 的光柱面处的磁场并不是很强，也就是说 RRAT 的脉冲星并不是巨脉冲，而且 RRAT 的脉冲宽度也要大于巨脉冲。RRAT 也可能是位于死亡线附近的射电脉冲星或者极端的零脉冲脉冲星，但是根据目前的观测结果发现 RRAT 并不位于死亡线附近，它们的性质与零脉冲脉冲星也不一样：RRAT 并没有产生连续的辐射，只是单个的脉冲。还有些理论认为 RRAT 的射电辐射触发机制是由于回落盘的扰动，或周围环绕的小行星带的影响，或它们的辐射带等离子体的捕获的影响。但是这些理论仅仅是猜测，目前还没有相应的观测结果来验证这些假说。

RRAT 自发现以来一直困扰着我们，对 RRAT 的观测也存在着一定的困难。由于 RRAT 射电脉冲的偶然性，我们不能确定所观测的目标是不产生辐射的还是 RRAT 处于“关闭”阶段的星体，所以很难确定 RRAT 的位置，而且 RRAT 的周期以及周期导数的测定也比较困难。此外，RRAT 在低频情况下的光谱特征也无法通过已有设备观测。

3.3.7 球状星团脉冲星

球状星团是指大量恒星聚集在一起的恒星集合。它们因引力作用紧紧结合在一起，由此它们呈球状，并且中心的密度非常之高。球状星团里恒星的密度大约是太阳附近恒星密度的十倍，中心处大约是几万倍。处于同一个球状星团的恒星的起源大致相同，化学组成成分相近，可能是同时期形成 (半人马座 ω 例外) 的，这就为研究其中的脉冲星提供了很特殊的环境。这些恒星存在了大约 100 亿年，属于银河系中形成较早的恒星。

球状星团大多数存在于星系晕中，它们的恒星数量远比星系盘中的疏散星团的恒星数量多，里面存在大量的双星系统。球状星团很常见，目前在银河系中发现了 150 多个 (估计多达 300 个)。星系越大，球状星团越多，仙女座星系有 500 多个，M87 中可能有 1000 多个。虽然，球状星团拥有巨大数量的古老恒星，但是它们的演化过程还不清楚，这可能是母星系中恒星诞生的地方。

球状星团中的老年恒星与在银河系球核部分的恒星组成成分类似，拥有较低含量的金属元素，而且这些金属元素的含量基本不会随着时间的变化而改变。现在一般认为球状星团诞生的地方是在星系交互作用下的星暴区。

由于球状星团中双星密度很高，其中的毫秒脉冲星密度相当大，通过大射电望远镜对其搜寻，很可能发现一些新类型的脉冲星，如超快速的亚毫秒脉冲星、脉冲星黑洞组成的双星系统等。这就为脉冲星演化的研究提供了相当多的不同种类的样本，但是球状星团的高密度导致了其中的星体不容易被区分，这对望远镜的分辨率提出了很高的要求。

至今，在球状星团中已发现了 200 多颗脉冲星。如图 3.4 所示，球状星团脉冲星的周期在 1.4ms $\sim$ 1s，周期相对较短，磁场在 $10^7 \sim 10^{13}$Gs，磁场跨度大。这直接证明了球状星团内脉冲星品种的丰富。从图 3.5 可以发现球状星团脉冲星在银河系中分布比较弥散，可能是因为球状星团的年龄比较老，已经运动了很长时间，脱离了银盘。

3.3.8 超新星遗迹脉冲星

目前发现的超新星遗迹脉冲星大约有 100 颗，只占探测到的脉冲星总数的很少一部分，这些脉冲星大部分都是非常年轻的脉冲星。根据图 3.4，超新星遗迹脉冲星的周期一般较短，在几十毫秒，少部分周期较长在 2 $\sim$ 10s，磁场在 $10^{10} \sim 10^{15}$Gs，分布范围广泛。它的位置主要分布在银盘附近 (图 3.5)。

脉冲星主要经大质量恒星的超新星爆发产生。超新星爆发主要分为两类：I 型和 II 型。其中 I 型可以细分为三类：① Ia 型，无氢、氦吸收线，有硅吸收线，后期铁吸收线很强；② Ib 型，无氢吸收线，有氦吸收线；③ Ic 型，无氢、氦、硅吸收线。II 型可以细分为两类：II L 型和 II P 型，这两类都有氢吸收线，只是它们的光变曲线有一些不同。I 型和 II 型超新星爆发的光变曲线不同，与 II 型超新星爆发相比，I 型光变曲线的峰值较锐，绝对峰值光度较大，爆发后变暗的速度较慢。

Ia 型超新星爆发产生于双星系统，是由白矮星吸积主星的物质，其质量超过钱德拉塞卡极限，最后导致星体坍缩，在坍缩过程中伴随 Ia 超新星爆发。因白矮星在爆发前后的质量几乎是恒定的, 其爆发时产生的最大光度也几乎是相等的，所以通常被当作标准烛光用于测定遥远星系的距离。但是，观测发现此类超新星的亮度显著低于预期的亮度，这有可能是由宇宙加速膨胀导致的。观测亮度低于红移的预测说明了超新星在逐渐远离我们，光线到达地球的时间越长，表明宇宙的膨胀速度逐渐增大。Ia 型超新星为我们探索宇宙的膨胀等问题提供了一个重要工具。

Ib、Ic 和 II 型超新星的产生是引力坍缩的过程。恒星诞生的时候，引力作用比较大，恒星逐渐收缩，温度逐渐升高，到达一定程度后，内部会逐渐发生氢元素的核聚变以此来平衡引力，这时恒星变成相对稳定的状态，而且这会稳定很长一段时间。随后，内部的氢元素全部变成了氦，核反应也从内部转移到表面，恒星迅速膨胀，变成了红巨星。继续发生核聚变，氦开始变为碳，恒星进入了老年期。老年期的恒星非常不稳定，最终核聚变基本停止，当核聚变不能平衡引力时，恒星坍缩，超新星爆发。这两种类型的超新星爆发的光变曲线也非常不同，前者的光变曲线峰值很尖锐，爆发后逐渐变暗，而后者的光变曲线峰值则比较缓，变暗的速度比较快。

超新星遗迹对脉冲星的辐射有着非常重要的影响，它为脉冲星的辐射提供了大量的物质，因此一般情况下超新星遗迹脉冲星的辐射特征非常丰富，例如，蟹状星云脉冲星，它拥有射电、光学、X 射线和 γ 射线全波段辐射，频率范围从 $10^7 \sim 10^{20}$Hz，横跨 13 个量级。超新星遗迹脉冲星为脉冲星多波段辐射的研究以及辐射模型的构建提供了难得的样本。通过对超新星遗迹的探测可以估计脉冲星的真实年龄，这是估计脉冲星真实年龄的一种重要方法，蟹状星云脉冲星是唯一一颗因直接观测到超新星爆发而得出真实年龄的脉冲星。

3.3.9　脉冲星双星

脉冲星双星是指至少含有一颗脉冲星的双星系统。至今，共发现了约 300 个脉冲双星系统，其中脉冲星–主序星系统 16 个，脉冲星–白矮星系统 150 个，脉冲星–中子星系统 18 个，脉冲星–超轻星体 (质量低于 $0.08M_{\odot}$) 系统 42 个，它是脉冲星的一种非常重要的存在形式。通过对双星的研究，可以很好地理解脉冲星的吸积演化过程，如毫秒脉冲星，也可以对广义相对论进行验证。

脉冲星双星系统的一些基本特征：① HMXB，伴星质量大于 $8M_{\odot}$，寿命较短；② IMXB，伴星质量为 $3 \sim 5M_{\odot}$，通过吸积虽然会使脉冲星的自旋速度加快，但并不足以形成非常快的毫秒脉冲星；③ LMXB，伴星质量低于 $1 \sim 2M_{\odot}$，主星通过吸积伴星质量可以提高自转速度，毫秒脉冲星可以由低质量 X 射线双星产生。当然，也有一些双星系统，由于长时间的吸积，伴星逐渐消失，形成了孤立的脉冲星。

脉冲星双星系统具有独特的研究价值: ① 它的周期运动使得我们可以在有限的观测时间内积累多个周期数据，从而更详细地研究双星系统；② 脉冲星双星系统一般拥有精确的几何轨道和动力学参数，可以通过对不同波段的观测对这些参数进行测定并用于建立新的辐射模型或者对已有的辐射模型进行检验；③ 脉冲星双星系统不仅可以检验广义相对论的预言、间接证明黑洞的存在，而且对吸积–喷流机制、高能粒子的加速辐射等问题的研究具有重要价值；④ 脉冲星双星系统还有另一个优势，对于某些偏心率大，轨道周期长的双星系统，如 PSR B1259-63，它的 γ 射线辐射只出现在脉冲星到达近星点附近，因此，可以对其 γ 射线出现的时间进行预测，节约不必要的观测时间。

我们再介绍其中两种非常重要的脉冲星双星系统：HMXB 和 LMXB。目前银河系中已发现 HMXB 有 100 多个，分布在银道面附近，其寿命较短，一般在几十万到百万年，主要是通过星风吸积获得能量。在此系统中，伴星抛出较强的星风，一些物质被主星俘获，由于脉冲星具有很强的磁场，所俘获的物质并不会直接到达主星表面，而是沿曲线运动到主星的磁轴两极，并辐射出 X 射线。

LMXB 的伴星质量和太阳差不多，现已发现的 LMXB 有 100 多个，其主要分布在球状星团或银河核球中，寿命比 HMXB 要长得多，半数存在准周期振荡。不同的是 LMXB 主要是通过洛希瓣吸积获取能量。双星系统中，附近的势场是由两颗星体共同决定的，其间存在很多个等势面，其中有一个等势面是“8”形的，这个等势面被称为洛希瓣。它中间的交点叫作第一拉格朗日点，在拉格朗日点的物质受到两边的引力是相等的。演化过程中，伴星逐渐膨胀，物质逐渐充满洛希瓣，并通过第一拉格朗日点传递给主星，并形成吸积盘，再通过吸积盘到达磁轴两极，形成 X 射线。

通过收集已发现脉冲星的相关参数信息，给出了八类脉冲星的 B-P 分布图和脉冲星在银河系的空间位置分布情况，并在表 3.1 中给出了八类脉冲星的简要统计结果。统计结果显示：① 自旋周期分布上，相对于常规脉冲星，毫秒脉冲星、双星脉冲星和中心致密天体的自旋周期都比较短，磁星、暗 X 射线孤立中子星和旋转射电暂现源的自旋周期较长；② 磁场分布上，相对于常规脉冲星，暗 X 射线孤立中子星、磁星和旋转射线暂现源的磁场较强，而毫秒脉冲星、双星脉冲星和中心致密天体的磁场较弱；③ 空间分布上，毫秒脉冲星、双星脉冲星、暗 X 射线孤立中子星和旋转射电暂现源在银河系中的分布比较弥散，而部分磁星和中心致密天体的空间分布主要集中在银盘附近；④ 费米脉冲星很明显分为两部分，即毫秒脉冲星和常规脉冲星，它们在银河系中的分布比较弥散；⑤ 毫秒费米脉冲星与全部的毫秒脉冲星相比，磁场较弱，但自旋周期较短，常规费米脉冲星与其他常规脉冲星相比，磁场更强，自旋周期也较长；⑥ 超新星遗迹脉冲星的年龄都比较年轻，其磁场相对较强。

表 3.1　八类脉冲星统计结果

名字	数量	自旋周期 P/ms	磁场强度 B/Gs	分散情况
毫秒脉冲星	322	$1.40 \sim 19.38$	$6.81 \times 10^7 \sim 4.34 \times 10^9$	弥散
脉冲双星	283	$1.40 \sim 2773.46$	$6.81 \times 10^7 \sim 3.86 \times 10^{12}$	弥散
费米脉冲星	205	$1.56 \sim 620.35$	$8.23 \times 10^7 \sim 4.06 \times 10^{13}$	弥散
磁星	29	$2072.13 \sim 11788.98$	$6.10 \times 10^{12} \sim 2.00 \times 10^{15}$	主要集中在银盘附近
暗 X 射线孤立中子星	7	$3450.00 \sim 11370.39$	$9.88 \times 10^{12} \sim 3.44 \times 10^{13}$	弥散
超新星遗迹脉冲星	60+	$0.02 \sim 11.79$	$3.05 \times 10^{10} \sim 2.06 \times 10^{15}$	主要集中在银盘附近
中心致密天体	10	$105 \sim 424$	$10^{10} \sim 10^{11}$	主要集中在银盘附近
旋转射电暂现源	112	$125.23 \sim 7707.18$	$1.67 \times 10^{11} \sim 5.01 \times 10^{13}$	弥散

根据 B-P 图中的脉冲星分布 (图 3.4)，毫秒脉冲星的特征年龄普遍比较大，而超新星遗迹脉冲星和磁星的特征年龄比较小。这与一般认为毫秒脉冲星的年龄比较老，而超新遗迹脉冲星比较年轻的结论相符。但是需要指出的是，特征年龄并不表示脉冲星的真实年龄，它只能作为脉冲星年龄的一种近似估计。例如，蟹状星云脉冲星的真实年龄约为 960yr，特征年龄约为 1200yr。另一种比较通用的脉冲星年龄估计方法: 运动学年龄。运动学年龄是指脉冲星诞生在银道面上，以其自行速度运动到现在的位置所需要的时间。运动学年龄也具有很大的不确定性，它与年轻的脉冲星符合比较好，但是对于老年脉冲星误差比较大。此外，还有一些测量脉冲星年龄的方法，由于这些年龄测定方法的条件比较苛刻，有的误差还很大，所以无法广泛使用，但是可以与脉冲星特征年龄进行互相验证。我们列举如下：① 对于超新星遗迹脉冲星，观测它们附近的超新星遗迹，超新星遗迹越稀薄说明脉冲星诞生时间越长，或者像蟹状星云脉冲星一样，直接观测到超新星爆发；② 在脉冲星双星系统中根据伴星的种类进行判断，如果伴星是主序星则主星可能比较年轻，如果是中子星则主星年龄比较大；③ 在脉冲星双星系统中根据主星吸积质量的大小判断，吸积的质量越大则年龄越大；④ 根据脉冲星自行速度判断，自行速度越快，说明脉冲星刚诞生不久，年龄也就比较年轻。

新一代大型射电望远镜拥有更高的分辨率和灵敏度，其巡天不仅可以发现大量新的脉冲星，而且还可以针对不同种类型的脉冲星进行重点探测。我们通过对八类脉冲星性质的分析为大型射电望远镜的巡天目标提供一个参考。① 通过对毫秒脉冲星和双星脉冲星的搜寻很可能发现自转超快的亚毫秒脉冲星或轨道周期非常短的脉冲星双星系统。② 磁星中已经发现了 4 颗拥有射电辐射的磁星，剩下的射电宁静的磁星可以作为大射电望远镜观测的目标，射电观测打开了对磁星性质探测的一个新窗口。③ 暗 X 射线孤立中子星中有两颗已探测到微弱的射电辐射，但是没有被进一步确认，大型射电望远镜可以对这两颗源进行认证。④ 费米脉冲星中射电宁静的脉冲星可以作为射电望远镜的重要观测目标，其与费米 γ 射线空间望远镜进行联合观测将会开辟脉冲星多波段观测的新篇章。⑤ 对于超新星遗迹脉冲星和中心致密天体，因它们附近都存在超新星遗迹，大型射电望远镜的观测可以更清楚地了解其周围的环境，探索脉冲星辐射机制与周边环境的关系。大型射电望远镜还可以对未发现中子星的超新星遗迹进行更细致的探测，这对中子星诞生率的研究有巨大作用。⑥ 转动射电暂现源是一类射电辐射性质非常特殊的源，通过大射电望远镜的巡天观测不仅将会使其数量显著增加，而且还会获得更精细的光谱和光变曲线，这对解释其奇特的射电辐射至关重要。

不同类别的中子星之间也存在着一定的演化关系。中子星是大质量恒星经过超新星爆发的产物，但是根据目前所观测到的超新星遗迹数量以及所推测的超新星爆发率并不足以产生如此众多的脉冲星，也就是说对于某些貌似不同种类的脉冲星，它们只是同一类脉冲星处于不同演化阶段的表现，但是具体的演化细节仍不清楚。毫秒脉冲星主要存在于低质量 X 射线双星中，一般认为它的低磁场是由吸积造成的，LMXB 的伴星存活寿命比较长，吸积时间也比较长，所以低质量 X 射线双星内的脉冲星周期较短，磁场比较弱；而 HMXB 的伴星存活时间短，相应的吸积时间较短，所以高质量 X 射线双星内的脉冲星的周期较大，磁场较强，这是吸积理论的有力证明。在 B-P 图中，磁星的位置与强磁场的射电脉冲星有重合，为什么强磁场射电脉冲星没有产生暴或耀斑现象，而低磁场的磁星却可以产生暴？磁星与弱 X 射线孤立脉冲星的分布位置也存在重合，弱 X 射线孤立脉冲星真的是老年的磁星吗？转动暂现源的分布区域与射电脉冲星并没有非常明显的区别，为什么转动暂现源的射电辐射如此特殊？常规费米脉冲星的分布与超新星遗迹脉冲星也存在部分重合，是不是年轻的脉冲星更容易产生高能辐射？此外，中心致密天体的起源问题也没有得到很好的解决。总之，关于各类脉冲星之间的演化关系还需要进一步探索。

第4章　脉冲星的物理参数及其分布

4.1　脉冲星的周期和磁场的分布

4.1.1　脉冲星的周期测量及分布

脉冲星在诞生时自旋周期较快，一般来说在 $20 \sim 30$ms。现在已观测到的脉冲星有 3000 多颗，其中孤立脉冲星有 2500 多颗，其大多是射电脉冲星，自旋周期一般为 1.4ms $\sim$ 10s。另外还有 300 多颗处于双星系统，其中部分辐射 X 射线。现在观测到自旋最快的脉冲星为 PSR J1748-2446ad，它的频率为 716Hz，或者周期为 1.396ms。

依据 ATNF 提供的脉冲星的数据库，我们得到脉冲星的自旋周期、磁场和空间位置等参数信息。为了探究脉冲星的性质，首先，我们做出脉冲星在 B-P 图中的分布，如图 4.1 所示。图中我们对脉冲星做了一个简单的分类，给出了脉冲双星、超新星遗迹脉冲星及磁星的分布情况。从图中可以看到多数脉冲星集中在磁场为 $10^{10.5} \sim 10^{12.5}$Gs，自旋周期在 $1 \sim 10$s 的区域内，这样的脉冲星我们一般称为正常脉冲星。超新星遗迹脉冲星的磁场与正常脉冲星相类似，但是其自旋较快，说明它们是诞生时间较短的脉冲星；双星系统的脉冲星拥有较低的磁场且自旋较快，而磁星磁场较强且自旋较慢。图 4.1 中 $P = 20$ms 给出了毫秒脉冲星和正常脉冲星的分界线，显然多数毫秒脉冲星位于双星系统中。然后，我们给出了这些脉冲星自旋周期和磁场的分布情况 (图 4.2)，发现脉冲星自旋周期和磁场分布分别呈两个明显的双峰分布，且能够很好地用两个高斯函数来拟合 (拟合函数为：$y = y_0 + A\mathrm{e}^{\frac{-2(x-x_c)^2}{\omega^2}}$，拟合参数见表 4.1，其中 y_0 是偏移量，x_c 是峰值，ω 是半高全宽，A 是拟合曲线的面积，R^2 表示拟合结果的好坏)。由统计分布结果可以看出：① 周期分布上呈现两个峰，分布在两个峰附近的脉冲星为不同类型的脉冲星，毫秒脉冲星的周期一般低于 10ms，假如将周期等于 20ms 作为脉冲星的分界线，那么毫秒脉冲星的周期小于 20ms，而正常脉冲星的周期将大于 20ms。毫秒脉冲星主要分布在自旋周期为 $P = 3.89$ms 附近，正常脉冲星主要集中分布在自旋周期为 $P = 616.60$ms 附近。② 磁场分布上也呈现出两个明显的峰。磁场 $B < 10^{10}$Gs 的脉冲星主要集中在 $B = 2.09 \times 10^8$Gs 附近，而磁场 $B > 10^{10}$Gs 的脉冲星主要集中在 $B = 1.26 \times 10^{12}$Gs

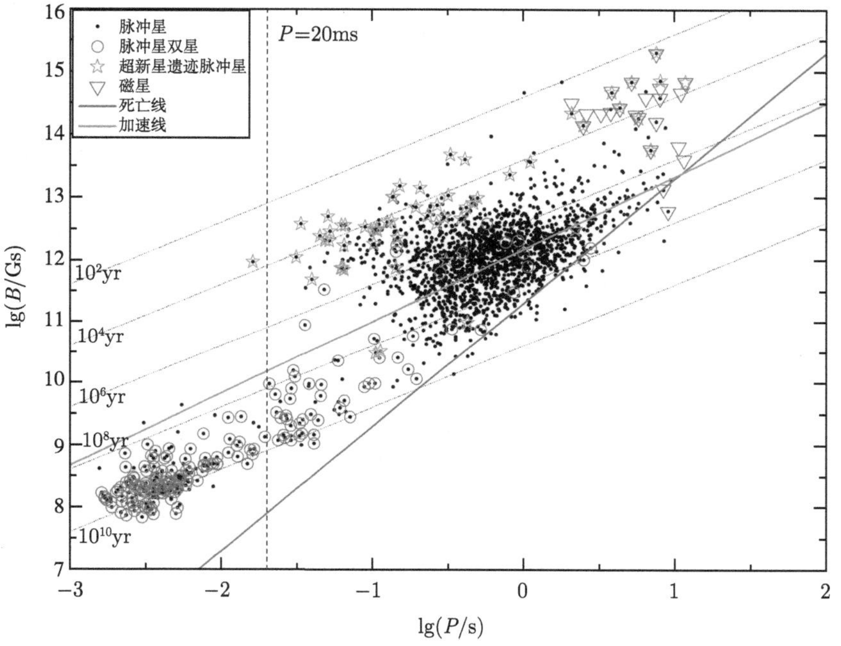

图 4.1 脉冲星 B-P 图

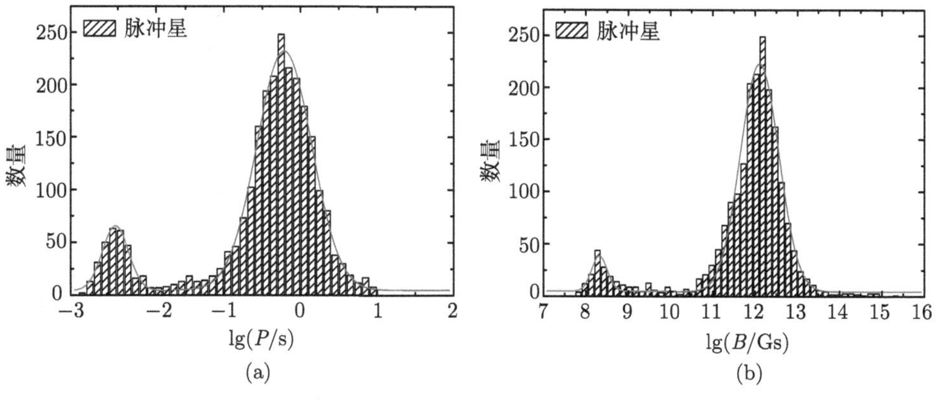

图 4.2 脉冲星的自旋周期统计分布图 (a)，其中绿色和红色曲线分别表示对周期 $P < 20$ms 和 $P > 20$ms 的脉冲星的周期分布的拟合曲线；脉冲星的表面磁场统计分布图 (b)，其中绿色和红色曲线分别表示对磁场 $B < 10^{10}$Gs 和 $B > 10^{10}$Gs 脉冲星的磁场分布的拟合曲线 (后附彩图)

附近。最后，我们还给出了这些脉冲星在银河系空间分布图上的分布情况 (图 4.3)，整体来看，脉冲星在银河系中的分布非常弥散；从银纬分布来看，脉冲星大部分集中在银盘附近，数量随着银纬的增加而减少；从银经分布来看，脉冲星在 0° (360°) 左右分布最多，而在 150° 左右分布较少 (图 4.4)。

表 4.1　脉冲星自旋周期与表面磁场的分布拟合结果

	y_0	x_c	ω	A	R^2
$P < 20\text{ms}$	4.47 ± 2.36	−2.41 ± 0.01	0.17 ± 0.01	61.13 ± 3.65	0.96
$P > 20\text{ms}$	5.15 ± 1.78	−0.21 ± 0.01	0.36 ± 0.01	227.03 ± 3.87	0.99
$B < 10^{10}\text{Gs}$	5.20 ± 1.35	8.32 ± 0.03	0.19 ± 0.03	33.61 ± 4.22	0.80
$B > 10^{10}\text{Gs}$	4.81 ± 2.19	12.10 ± 0.01	0.45 ± 0.02	218.36 ± 5.89	0.98

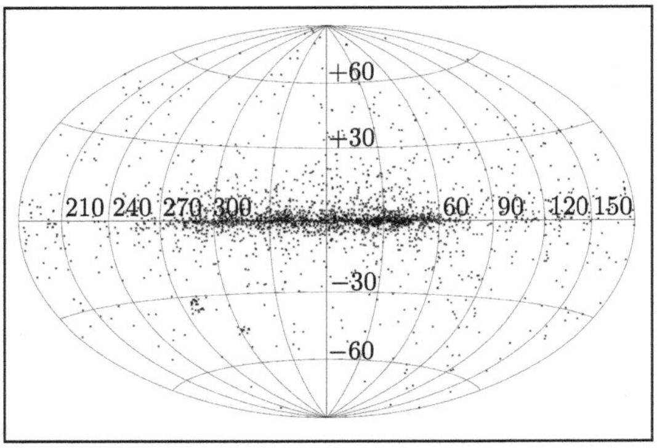

图 4.3　脉冲星在银河系的空间分布图，其中黑色点表示脉冲星

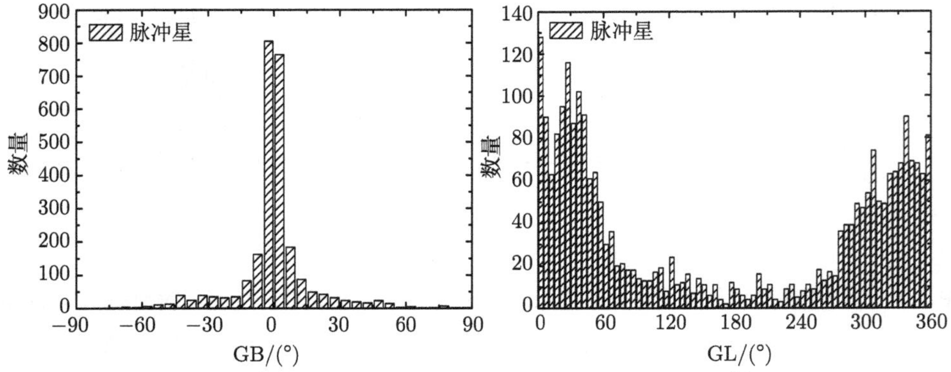

图 4.4　脉冲星的银纬统计分布图 (a)，银经统计分布图 (b)

4.1.2 脉冲星的磁偶极模型及磁场估计

这里我们讨论一个简单的模型，它适用于我们观测的多数脉冲星。磁偶极模型较精确地描述了一颗旋转的中子星的动能转化为脉冲辐射的过程。假设中子星的角频率为 Ω，磁偶极矩 m 与旋转轴夹角为 α，星体旋转较慢，由旋转引起的星体非对称扭曲形变可以忽略。这样星体的磁偶极矩 m 与磁场 (B_p) 和中子星半径的关系可以写为

$$|m| = B_p R^3/2 \tag{4.1}$$

式中，R 为星体半径。其依赖于时间变化的偶极能量变化率为

$$\dot{E} = -\frac{2}{3c^3}|\ddot{m}|^2 \tag{4.2}$$

m 写为

$$m = \frac{1}{2}B_p R^3(\vec{e}_{\parallel}\cos\alpha + \vec{e}_{\perp}\sin\alpha\cos\Omega\, t + \vec{e}'_{\perp}\Omega t) \tag{4.3}$$

式中，$\vec{e}_{\perp}$ 为与旋转轴垂直的水平单位矢量；$\vec{e}'_{\perp}$ 为垂直于 $\vec{e}_{\perp}$ 的单位矢量。

$$\dot{E} = -\frac{B_p^2 R^6 \Omega^4 \sin^2\alpha}{6c^3} \tag{4.4}$$

方程 (4.4) 可以给出几个重要结果，中子星旋转所损失的能量由星体动能提供：

$$E = \frac{1}{2}I\Omega^2 \tag{4.5}$$

式中，I 为转动惯量。这样有

$$\dot{E} = I\,\Omega\,\dot{\Omega} \tag{4.6}$$

由于 $\dot{E} < 0$，$\dot{\Omega} < 0$，所以中子星在自旋变慢。此时我们定义星体的特征年龄 T：

$$T \equiv -\left(\frac{\Omega}{\dot{\Omega}}\right)_0 = \frac{6Ic^3}{B_p^2 R^6 \sin^2\alpha\, \Omega_0^2} \tag{4.7}$$

这样，综合方程 (4.4) 和方程 (4.5) 得到

$$\Omega = \Omega_{\rm i}\left(1 + \frac{2\Omega_{\rm i}^2}{\Omega_0^2}\frac{t}{T}\right)^{-1/2} \tag{4.8}$$

式中，$\Omega_{\rm i}$ 是在 $t = 0$ 时星体的初始角速度。设方程 (4.8) 中 $\Omega = \Omega_0$ (现在的角速度值)，这样得到脉冲星的现阶段年龄为

$$t = \frac{T}{2}\left(1 - \frac{\Omega_0^2}{\Omega_{\rm i}^2}\right) \simeq \frac{T}{2}\ \ (\Omega_0 \ll \Omega_{\rm i}) \tag{4.9}$$

脉冲星的磁场一般通过间接方法确定。对于旋转供能脉冲星而言，其偶极磁场电磁辐射导致自转减速，由脉冲星的自旋周期及周期变化率可以推断出磁场；X 射线脉冲星的磁场可以通过探测到的电子回旋吸收线来估算；磁星的磁场也可以通过对其电子回旋共振产生的谱线特征来进行分析判断，但是一直没有测到，只能由脉冲星的自旋周期及周期变化率推断。由于能量的流失，脉冲星的自旋周期变慢，其周期变化率表示为 $\dot{P} = \mathrm{d}P/\mathrm{d}t$。假设在转动过程中损失的能量为 $\dot{E}$，其表达式如下：

$$\dot{E} = -\frac{\mathrm{d}E}{\mathrm{d}t} = -\frac{\mathrm{d}(I\Omega^2/2)}{\mathrm{d}t} = -I\Omega\dot{\Omega} = 4\pi^2 I\dot{P}P^{-3} \tag{4.10}$$

式中，转动惯量 $I = \frac{2}{5}MR^2$，M 和 R 分别为中子星的质量和半径；角速度 Ω 与周期 P 的关系为 $\Omega = 2\pi/P$。这种辐射带走的能量损失并不大，所以中子星的自旋并不会有特别明显的变化。根据经典电动力学理论，辐射能与磁偶极矩 $|\vec{m}|$ 的关系可以表达为

$$\dot{E}_{\mathrm{dipole}} = \frac{2}{3c^3}|\vec{m}|^2\Omega^4\sin^2\alpha \tag{4.11}$$

式中，α 为中子星磁偶极矩与旋转轴的夹角。联合方程 (4.10) 和方程 (4.11)，我们得到中子星自旋频率的变化率为

$$\dot{\Omega} = -\left(\frac{2|\vec{m}|^2\sin^2\alpha}{3Ic^3}\right)\Omega^3 \tag{4.12}$$

根据磁场强度和磁矩的关系 $B \approx |\vec{m}|/r^3$，中子星的表面磁场 B_{s} 可由方程 (4.12) 得到

$$B_{\mathrm{s}} = \left(\frac{3c^3 I}{8\pi^2 R^6}P\dot{P}\right)^{1/2} \tag{4.13}$$

通常情况下，公式中中子星的质量和半径取为标准的中子星参数：$M = 1.4M_{\odot}, R = 10\mathrm{km}$，转动惯量 $I = 10^{45}\mathrm{g\cdot cm^2}$，磁偶极矩与旋转轴夹角 $\alpha = 90°$，则公式 (4.13) 将简化为

$$B_{\mathrm{s}} \approx 3.2 \times 10^{19}(P\dot{P})^{1/2}\mathrm{Gs} \tag{4.14}$$

理论上中子星的最大磁场可用位力定理进行估算，估算的上限值约达到 10^{18}Gs，但是观测从来没有发现如此大的磁场。对比脉冲星的理论模型和 ATNF 所提供的脉冲星数据，我们画出了中子星磁场和自旋周期的分布直方图 (图 4.5)。从图中可以看到，大多数中子星的磁场分布的峰值在 $\sim 10^{12}$Gs，这些是较年轻的脉冲星，另

一个峰值分布在 $\sim 10^8$Gs，这些中子星对应的是年老的毫秒脉冲星，二者之间的演化联系将在本书的后面做出相应的阐述。

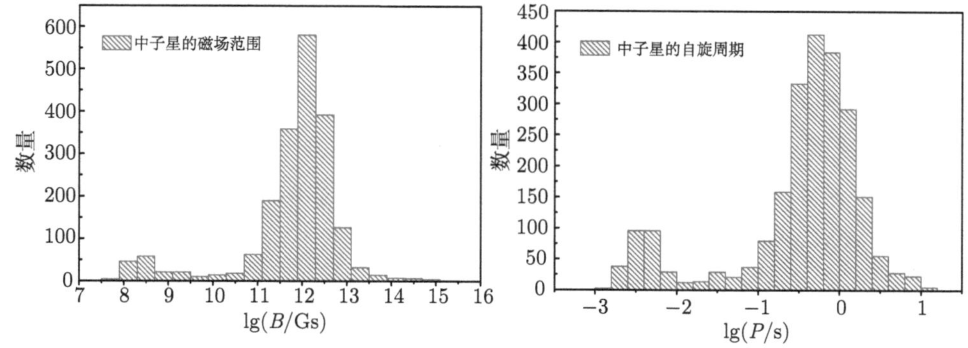

图 4.5　中子星磁场与自旋周期的分布直方图

4.1.3　脉冲星的磁场分布

磁场强度是中子星最重要的物理参数之一，它对研究中子星的演化和辐射机制具有关键性的作用，另外，中子星的磁场还与其内部物理性质有密切联系。目前对中子星极强磁场起源的主流解释有发电机原理和化石磁场假说。化石磁场假说认为超新星爆发后，中子星前身星的磁场被冻结在引力坍塌后的致密星核中。对于具有 ~ 100Gs 典型磁场的前身星 (半径相当于太阳尺度 $\sim 10^{11}$cm)，根据磁通守恒，$B \cdot R^2 =$ 常数，半径为 $\sim 10^6$cm 的中子星的磁场即为 $\sim 10^{12}$Gs。然而目前缺乏直接测量中子星表面磁场强度的手段，下面将介绍几种间接测量中子星磁场的方法。

1. P-$\dot{P}$ 估算脉冲星磁场

这里主要介绍磁场强度与自旋周期和自旋周期变化率的关系。基于脉冲星的磁偶极模型，由式 (4.10) 可得 $B_p \approx 2|\vec{m}|/R_*^3$。脉冲星的自旋周期 $P = 2\pi/\Omega$，结合式 (4.11)，脉冲星的磁场强度可以表示为

$$B_p = \sqrt{\frac{3c^3 I}{8\pi^2 R_*^6 \sin^2\alpha} P\dot{P}} \tag{4.15}$$

在不考虑内部物态的条件下，假定脉冲星为质量分布均匀的完美球体，则转动惯量 $I = (2/5)MR_*^2$，取脉冲星的典型半径和质量 ($R_* = 10^6$cm，$M = 1.4 \times 2 \times 10^{33}$g)，

并假定磁轴与自转轴垂直 ($\alpha = 1/2\pi$)，则脉冲星极冠处的磁场强度可以表示为

$$B_p \approx 3.2 \times 10^{19} \sqrt{\frac{P\dot{P}}{1\text{s}}} \text{Gs} \tag{4.16}$$

这种方法能够给出脉冲星磁场的估计值，但由于假定脉冲星的转动能全部由磁偶极辐射损失，因而往往过高估计了脉冲星的磁场。事实上，由于脉冲星的高速旋转，必然导致星体偏离完美球体，这种不对称性使得由引力产生的四极辐射变得不可忽略。另外，脉冲星内部结构物态对其转动惯量的影响以及磁轴与自转轴夹角的不确定性都会对估算的结果造成影响。

2. X 射线脉冲星吸积加速率估算磁场

对于 X 射线脉冲双星来说，系统中的中子星往往处于吸积加速状态，磁场不能通过上面提到的 P-$\dot{P}$ 方法给出。对于这类系统，可以通过吸积加速率来估算星体的磁场强度。

在距离中心天体的某一半径处，物质的开普勒轨道频率与脉冲星自旋频率相等。这个特征半径被定义为共转半径，记为 R_c，即 $R_\text{c} = (GM/\Omega^2)^{1/3}$。

脉冲星的阿尔文 (Alfvén) 半径定义为

$$r_m \approx (8GM)^{-1/7} \dot{M}^{-2/7} \mu^{4/7} \tag{4.17}$$

式中，$\dot{M}$ 为脉冲星的吸积率；μ 为脉冲星的磁偶极矩。对于典型的非对齐旋转模型，吸积盘将于 $R_m \approx 0.5 r_m$ 处截断，通过磁球和吸积盘的相互作用，吸积物质的角动量将发生转移从而加速脉冲星的自转。

由系统的角动量守恒可得

$$\dot{M} R_m^2 \Omega_K(R_m) \approx I\dot{\Omega} = 2\pi I \dot{\nu}_\text{su} \tag{4.18}$$

式中，$\Omega_K(R_m)$ 为 R_m 处的开普勒角频率；I 和 $\dot{\nu}_\text{su}$ 分为脉冲星的转动惯量和自旋加速率。由此可知，

$$\dot{\nu}_\text{su} \approx 2.7 \times 10^{-13} m_1^{3/7} \dot{M}_{16}^{6/7} I_{45}^{-1} \mu_{30}^{2/7} (\text{Hz/s}) \tag{4.19}$$

若假定双星系统的吸积率恒定，则根据双星系统的轨道周期 P_orb 及其周期变化率 $\dot{P}_\text{orb}$ 的测量值即可估算出系统的吸积率，那么脉冲星的磁场可以表示为

$$B \sim \dot{\nu}_\text{su}^{7/2} \tag{4.20}$$

3. 回旋加速线测量磁场

上述两种方法可以分别给出射电脉冲星和 X 射线脉冲星磁场的估计值，但这两种方法都是依赖于模型的间接方法。中子星磁场的首次直接测量是 1976 年对 Her X-1 X 射线能谱的观测，发现了回旋加速线结构，电子轨道在中子星附近的强磁场条件下能级量子化而发生分裂之后形成朗道能级，中子星表面附近磁场中的电子跃迁能量可以表示为

$$E_{\mathrm{cyc},n} \approx 11.6n(B/10^{12}\mathrm{Gs})(1+z)^{-1}\mathrm{keV} \tag{4.21}$$

式中，n 为能级；z 为引力红移。电子在朗道能级间跃迁，会产生回旋吸收线或发射线。根据测量得到的回旋吸收线即可以计算中子星表面的磁场，这种测量方法被认为是目前直接测量中子星表面磁场的唯一方法。

4.2 脉冲星的周期演化案例

4.2.1 磁偶极辐射

当星体动能和向外的辐射能的能损率相等时，可以推导如下方程：

$$I\Omega\dot{\Omega} = K_1\Omega^4 \tag{4.22}$$

式中，$K_1 = -\dfrac{B_p^2R^6}{6c^3}$，$B_p \sim 10^{12}\mathrm{Gs}$，$R \sim 10^6\mathrm{cm}$，$I \sim 10^{45}\mathrm{g\cdot cm^2}$；$c$ 为光速。因此化简得

$$\Omega^{-2} = 1.23\times10^{-17}\left(\frac{B_p}{10^{12}}\right)^2\left(\frac{R}{10^6}\right)^6\left(\frac{I}{10^{45}}\right)^{-1}t + C_\mathrm{i} \tag{4.23}$$

当 $t=0$ 时，$C_\mathrm{i} = \Omega_\mathrm{i}^{-2}$。设 $A_1 = 1.23\times10^{-17}\left(\dfrac{B_p}{10^{12}}\right)^2\left(\dfrac{R}{10^6}\right)^6\left(\dfrac{I}{10^{45}}\right)^{-1}$，所以自旋周期变为

$$P(t)^2 = (2\pi)^2A_1t + P_\mathrm{i}^2 \tag{4.24}$$

或者我们将 $P = \dfrac{2\pi}{\Omega}$，代入式 (4.22) 有

$$[P\dot{P}] = -\frac{K_1(2\pi)^2}{I} \tag{4.25}$$

因此我们得到

$$P(t)^2 = 2t[P\dot{P}] + P_{\rm i}^2 \tag{4.26}$$

式中， $[P\dot{P}]$ 是可以测量的，而且与时间变化无关。对于蟹状星云脉冲星，$P = 33\text{ms}$，$\dot{P} = 4.23 \times 10^{-13}\text{s/s}$，$t = 960\text{yr}$，代入式 (4.26)，求得蟹状星云脉冲星的初始周期 $P_{\rm i} \sim 0.01556\text{s}$。一万年后，蟹状星云脉冲星在电磁辐射的作用下其自旋周期为 $P(t) = 0.0952\text{s}$。根据图 4.6 可以求出在未来任意时刻蟹状星云脉冲星在电磁辐射作用下的自旋周期。

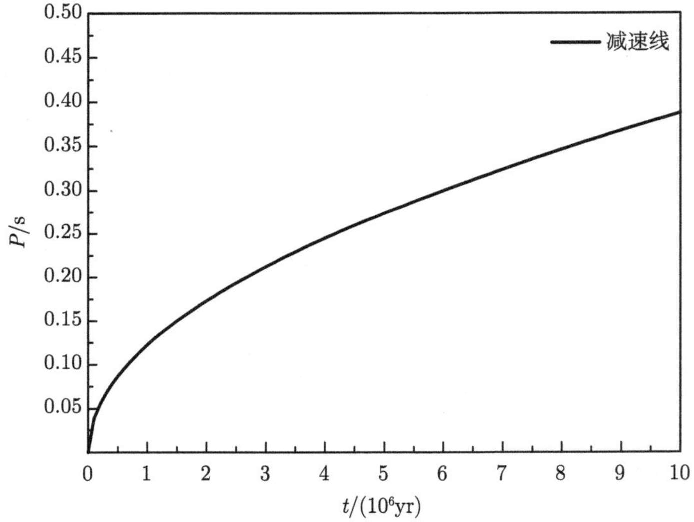

图 4.6 蟹状星云脉冲星周期 P 随时间 t 的变化关系图

4.2.2 引力波辐射

引力波是指在时空中的引力场以波的形式从辐射源向外传播的扰动，这种波会以引力辐射的形式传递能量，从而消耗脉冲星的动能并导致脉冲星减速。引力波的产生需要质量四极矩的变化，一般来说，产生引力波的两个条件，一是相对于星体固定的非对称性 (机制包括星体本身即是非完全对称的类球体，脉冲星的磁场方向与其自转轴方向不一致，星体吸积导致的非对称性质量分布)；二是非对称的部分相对于星体运动。

在这里我们讨论沿着磁场轴方向的质量的椭球分布，并且磁场轴围绕着自转轴运动，假设脉冲星是有轻微形变的理想化的椭球模型，I 是转动惯量，ε 是偏心

率，引力辐射功率为

$$\dot{E}_{\rm GW} = -\frac{32}{5}\frac{G}{c^5}I^2\varepsilon^2\Omega^6 \tag{4.27}$$

我们假定引力波辐射是自转变慢的原因，所以得到

$$\dot{E}_{\rm GW} = I\Omega\dot{\Omega} = K_2\Omega^6 \tag{4.28}$$

式中，$K_2 = -\frac{32}{5}\frac{G}{c^5}I^2\varepsilon^2$，引力常数 $G = 6.67\times10^{-8}\ \rm N{\cdot}m^2/kg^2$，而星体的偏心率初设为一个小量 $\varepsilon\sim10^{-5}$。由此我们得到

$$\Omega^{-4} = 0.7\times10^{-23}\left(\frac{I}{10^{45}}\right)\left(\frac{\varepsilon}{10^{-5}}\right)^2 t + C_{\rm i} \tag{4.29}$$

当 $t=0$ 时，$C_{\rm i} = \Omega_{\rm i}^{-4}$。设 $A_2 = 0.7\times10^{-23}(I/10^{45})(\varepsilon/10^{-5})^2$，因此

$$P(t)^4 = (2\pi)^4A_2t + P_{\rm i}^4 \tag{4.30}$$

或者将 $P=2\pi/\Omega$ 代入式 (4.30)，有

$$[P^3\dot{P}] = -\frac{K_2(2\pi)^4}{I} \tag{4.31}$$

因此

$$P(t)^4 = 4t[P^3\dot{P}] + P_{\rm i}^4 \tag{4.32}$$

或者

$$P(t)^4 = P_{\rm i}^4\Big/\left(1-\frac{t}{T_G}\right) \tag{4.33}$$

式中，特征年龄 $T_G = P/4\dot{P}$。对于蟹状星云脉冲星，其真实年龄是 $t=960$yr，而由观测周期和周期变化率得到的特征年龄 $T_G\sim600$yr，这小于它的实际年龄 960yr。这说明引力波辐射不适用于蟹状星云脉冲星的辐射机制。

综合电磁与引力波辐射，设其基本通式为

$$\dot{E} = I\Omega\dot{\Omega} = b\Omega^{n+1} \tag{4.34}$$

$$P_{\rm i} = P(t)\left(1-\frac{t}{T_G}\right)^{\frac{1}{n-1}} \tag{4.35}$$

式中，特征年龄

$$T_G = \frac{P}{(n-1)\dot{P}}$$

4.2.3　比较电磁与引力波两种辐射机制

1. 电磁与引力波两种辐射机制共存的情况

对于一般的脉冲星，如果存在电磁与引力波两种辐射机制，我们通过整合以上两种辐射机制，研究周期演化特性。

$$\dot{E} = I\Omega\dot{\Omega} = \dot{E}_{\rm em} + \dot{E}_{\rm GW} = K_1\Omega^4 + K_2\Omega^6 \tag{4.36}$$

设 $x = \Omega^2$，将上式两边求导并积分，得

$$\frac{1}{2}\left(-\frac{1}{x} - k\lg x + k\ \lg(1+kx)\right) = at + C_{\rm i} \tag{4.37}$$

式中，$k = \dfrac{k_2}{k_1}, a = \dfrac{k_1}{I}, \Omega_{\rm i} = 3\times10^3{\rm rad/s}$。当 $t = 0$，$C_{\rm i} = -1.02\times10^{-6}$ 时，得到

$$t = \frac{\dfrac{1}{x} + k\lg x + k\lg(1+kx) - 2.04\times10^{-6}}{1.24\times10^{-17}} \tag{4.38}$$

这样我们可以得到 t 与 Ω 的关系, 其变化趋势如图 4.7 所示。

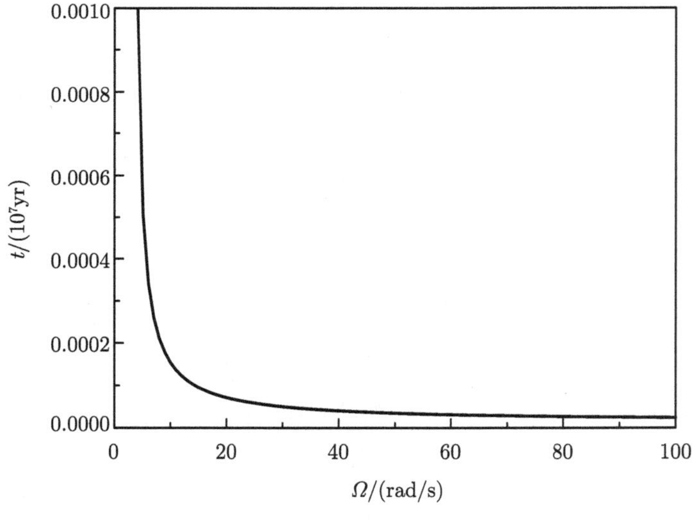

图 4.7　脉冲星时间 t 随角速度 Ω 的变化关系图

2. 电磁与引力波辐射作用相同的情况

将以上两种减速机制进行对比，设初始角频率 $\Omega_{\rm i} = 3\times10^3{\rm rad/s}$，其中中子星形变率设为 $\varepsilon = 10^{-5}$，当射电辐射与引力波辐射相同时，求得脉冲星的临界角速度

值为

$$\Omega_{\mathrm{cr}}=\sqrt{\frac{K_1}{K_2}}=1874.53(\mathrm{rad/s})\left(\frac{B_p}{10^{12}}\right)\left(\frac{R}{10^6}\right)^3\left(\frac{I}{10^{45}}\right)^{-1}\left(\frac{\varepsilon}{10^{-5}}\right)^{-1} \tag{4.39}$$

也就是说，当 $\varepsilon=10^{-5}$ 时，临界角速度约为 1874.53rad/s，即当脉冲星临界自旋周期为 3.35ms 时，电磁辐射与引力波辐射对脉冲星减速的影响是相同的。当星体形变率 ε 不同时，我们用作图的方法观察临界角频率值的变化，如图 4.8 所示。首先从电磁辐射的角度讨论脉冲星的自转减速，从图 4.7 中我们看到，随着时间的推移周期变长。我们以蟹状星云脉冲星为研究对象，计算出脉冲星诞生时的初始自旋周期 $P_{\mathrm{i}}\sim 15\mathrm{ms}$，根据公式 (4.8)，经过 100 万年后蟹状星云脉冲星的自旋周期 $P\sim 95\mathrm{ms}$。脉冲星的电磁能损率与星体磁场和周期或频率的关系是 $\dot{E}_{\mathrm{em}}\sim\dfrac{B^2}{P^4}\sim B^2\Omega^4$。当 FAST 望远镜的灵敏度提高 10 倍，能测量到电磁能损率下降约 1/10 的脉冲星 (一般情况脉冲星磁场 B 不变)，所以望远镜所观测的最大周期可以增大约 2 倍。根据推导得到周期随时间的变化关系是 $P(t)\sim\sqrt{t}$，这使得可观测脉冲星的寿命增大 4 倍，也就是说我们可以观测到更年老的脉冲星 (如 4 亿年)，其观测的脉冲星数量将提高 4 倍。现今，射电望远镜观测的最大脉冲星射电脉冲约 8.5s，并已测得 2800 多颗脉冲星，那么 FAST 在理想状态下应可以测量的脉冲星周期可延长到 15 ~ 20s，预计可测 8000 多颗脉冲星。

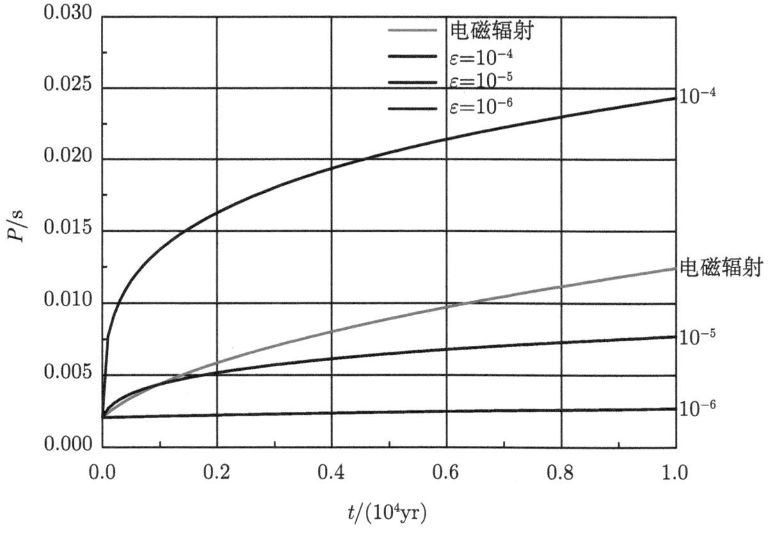

图 4.8 脉冲星周期 P 随时间 t 的变化关系图。红色粗实线代表电磁辐射情况，其他曲线代表着各种星体形变率的引力波辐射周期演化曲线 (后附彩图)

进一步，从引力辐射的角度讨论脉冲星减速，我们发现这种辐射机制不适用于蟹状星云脉冲星。此外，我们将这两种辐射机制进行对比，假定星体形变率 $\varepsilon = 10^{-5}$，求得临界自旋周期为 3.35ms 左右时，电磁辐射与引力波辐射对脉冲星减速的影响是相同的。也就是说，当自旋周期小于 3.35ms 时，引力波辐射对脉冲星的减速起主导作用；当自旋周期大于 3.35ms 时，电磁辐射对脉冲星的减速起主导作用。

4.3　中子星的质量

一般认为，中子星的质量为 $1.0 \sim 3.2M_{\odot}$，半径为 $10 \sim 20$km，其平均密度约为 $10^{14}\mathrm{g/cm^3}$(相比较太阳密度仅为 $\sim 1\mathrm{g/cm^3}$)，相当于原子核的密度。由于中子星是超级致密的星体，其内部具有极其特殊的物态结构。另外，在超新星爆发后留下的核心半径很小，根据恒星在坍塌过程中角动量守恒，所以中子星诞生时即会具有较大的自转速度，这类中子星将会因电磁辐射损失能量而自旋变慢 (观测显示脉冲星自旋周期分布为 1.4ms $\sim$ 30s)，利用这一性质还可估算脉冲星的特征年龄。

中子星的物质结构由内向外可以分为内核、外核、内壳层、外壳层、大气层，其 3D 剖面截图见图 4.9。其内核厚度约为几千米，密度大于 $10^{14}\mathrm{g/cm^3}$，主要成分

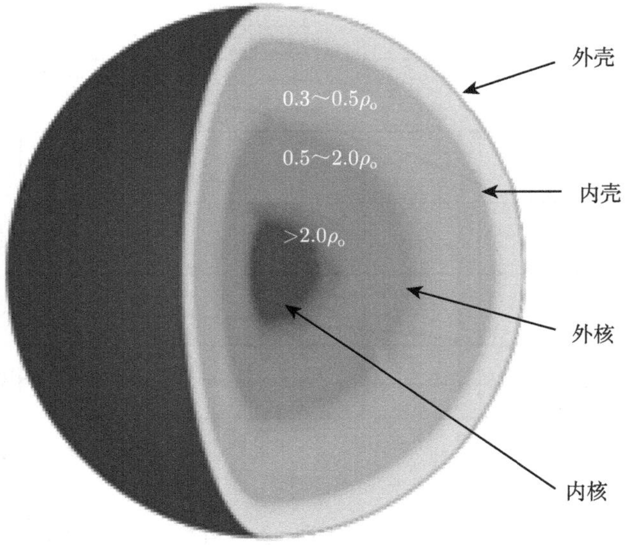

图 4.9　脉冲星结构剖面图

尚未明确；外核厚度约为几千米，包含中子、质子、电子的混合物。其内壳层主要物质为电子、自由中子和原子核；外壳层约为几百米，从大气层底部延伸到密度约为 10^{11}g/cm^3 的位置，其主要成分是离子和电子；最外部的大气层很薄，约为几厘米，这是脉冲星电磁辐射和热辐射的主要区域。

4.3.1 中子星的星体结构方程

中子星内部的物质密度可以达到 $5\sim10$ 倍核物质密度，却具有相对较低的温度 ($\sim10^8\text{K}$)，如此特殊的物质形态使得中子星成为核物理研究不可替代的理想实验室。这样极端的物态不仅对于粒子物理研究有重要作用，而且对于理解大质量恒星的核坍缩机制、超新星爆发现象以及中子星的物理性质同样也有重大意义。但由于实际上缺乏对中子星内部结构的观测手段，目前对中子星结构的认识主要依赖于质量–半径关系的确定。通过考虑广义相对论条件下的静态完美球体满足的流体静力学星体平衡方程，我们可以得到无自旋的中子星物态方程 (密度、压强仅为星体半径的函数)：

$$\frac{\mathrm{d}P}{\mathrm{d}r}=-\frac{G(m(r)+4\pi r^3P/c^2)(\rho+P/c^2)}{r(r-2Gm(r)/c^2)} \tag{4.40}$$

$$\frac{\mathrm{d}m(r)}{\mathrm{d}r}=4\pi\rho r^2 \tag{4.41}$$

式中，$m(r)$ 为半径为 r 的球体内物质的引力质量。对中子星的内部物质 (密度大于核物质密度时) 来说，其密度的不同导致了中子星物态结构的差异。这部分物质占据了中子星质量的 99%，体积的 90%，因而中子星的物态将主导中子星的总体性质。有些人还认为对于快速旋转的中子星来说，自旋对物态结构的影响不可忽略，他们提出了一种考虑自旋的物态模型计算方法，使得在给定自旋频率的情况下计算中子星的物态的质量–半径关系成为可能。因此，中子星的质量、半径和自旋等重要参数的观测都对中子星物态结构的限定有重要作用。质量是中子星的一个重要参数，是研究其前身星的星体演化、致密星体核物质组成、星体的物态方程及引力场强度的重要途径。一般认为，中子星的最小质量在 $\sim1M_\odot$，最大理论质量为 $3.2M_\odot$，常规中子星的质量为 $1.4M_\odot$。由于中子星质量的测量通常依赖于双星系统，因而质量的测量在揭示双星演化方面也有重要意义。

首次对中子星质量的精确测量是在双星系统 PSR 1913+16 中实现的。根据统计，目前已在 63 对双星系统中得到了 72 颗中子星的测量质量，这包括 9 对双中子星系统 (DNS)，32 对中子星–白矮星系统 (NSWD)，4 对中子星–主序星系统

(NSMS)，11 对高质量 X 射线双星系统，5 对低质量 X 射线双星系统，2 对 X 射线系 (XB)。具体数据见图 4.10，72 颗中子星质量图。图中详细标出了这些星的名字，其中红线为中子星质量的统计平均值。

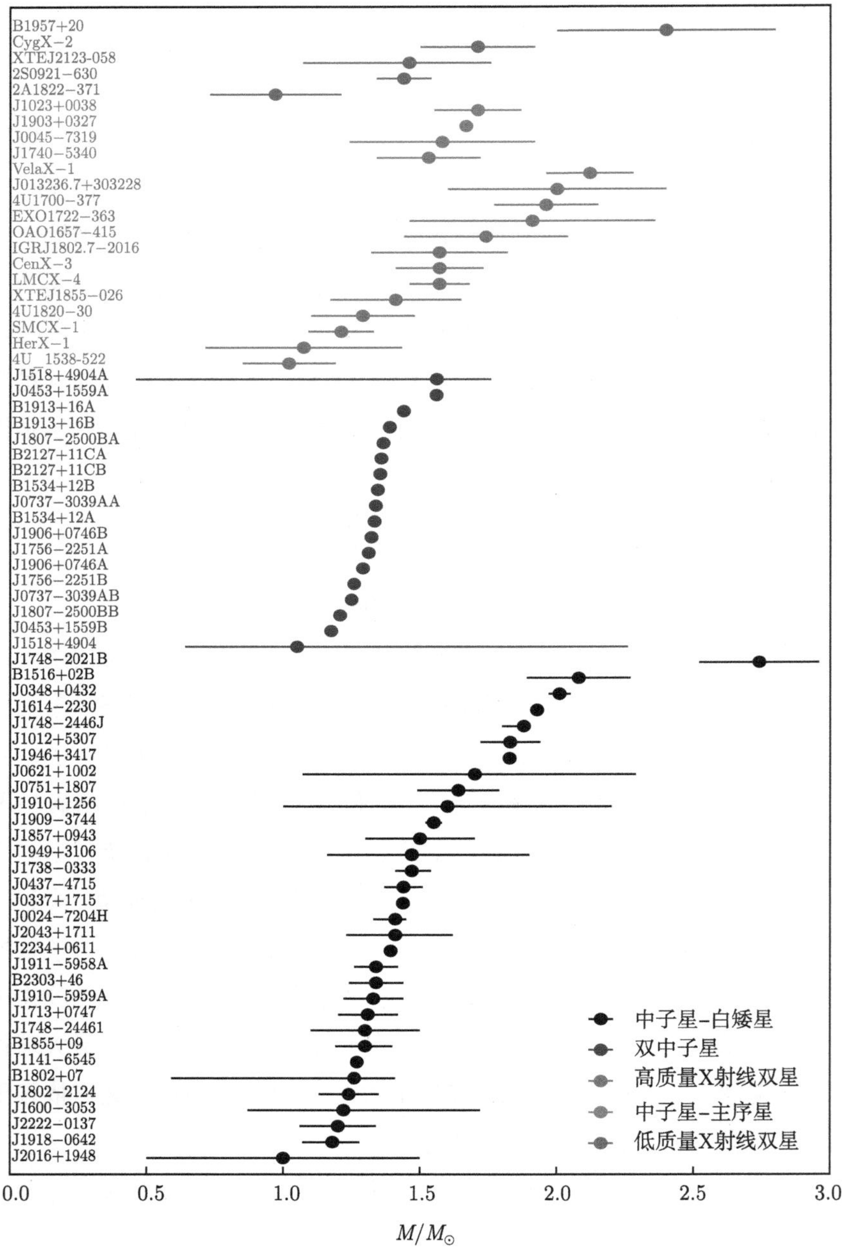

图 4.10　72 颗中子星的测量质量图 (后附彩图)

如图 4.11 所示是 72 颗中子星的质量分布直方图。从图 4.11 中可以看出中子星的质量分布只有一个峰值，对其进行高斯拟合后得到，中子星的平均质量为 $(1.46 \pm 0.3)M_\odot$。为了对质量进行进一步研究，根据自旋周期将中子星分为毫秒脉冲星 (MSP，$P < 20$ms) 和正常脉冲星 (PSR，$P > 20$ms)，然后统计得到它们的平均质量分别为 $(1.57 \pm 0.35)M_\odot$ 和 $(1.37 \pm 0.23)M_\odot$。毫秒脉冲星比普通脉冲星的平均质量高约 $0.2M_\odot$，这证明了中子星吸积加速理论的正确性，说明了正常脉冲星在吸积约 $0.2M_\odot$ 的物质后可能演化为毫秒脉冲星。为了探究中子星的质量与自旋周期的关系，将 61 颗中子星按不同的种类画在质量与自旋周期图中，如图 4.12 所示，灰色虚线为 $M = 1.0M_\odot$，代表最小可被探测的中子星质量；灰色水平实线为 $M = 3.2M_\odot$，代表可被探测的最大中子星质量；垂直红色虚线为 $P = 20$ms。拟合得到毫秒脉冲星的吸积质量与周期的关系为 $M = [1.40 + 0.43(P/\text{ms})^{-\frac{2}{3}}]M_\odot$，如图中黑色曲线所示。对于 18 颗双中子星，它们的平均质量为 $(1.32 \pm 0.14)M_\odot$，低于毫秒脉冲星的平均质量。这暗示着双中子星系统的演化历史可能不同于其他双星系统。为了研究双中子星的质量演化，我们分析了 9 对双中子星的主伴星质量比和轨道周期的关系，如图 4.13 所示，图中 $M_{\rm A}$ 为主星，$M_{\rm B}$ 为伴星，可以看出其质量比接近 1，即双中子星中的伴星质量趋近于主星。

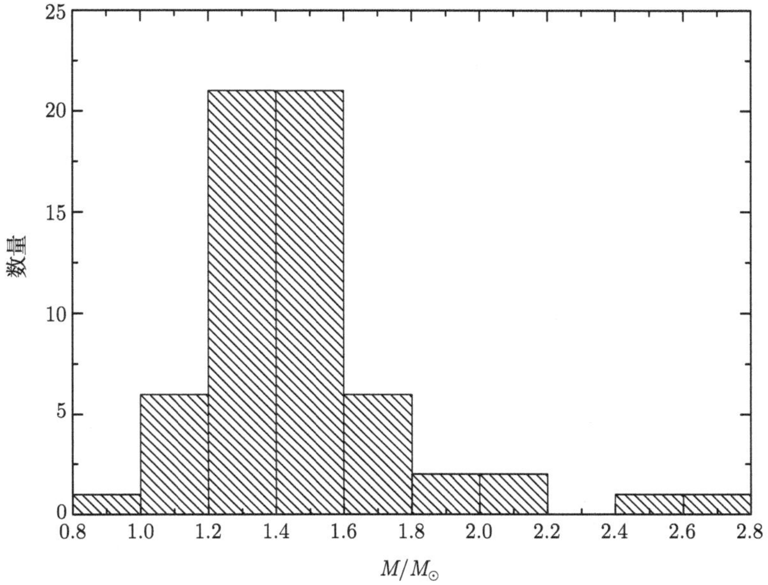

图 4.11 72 颗中子星的质量分布直方图

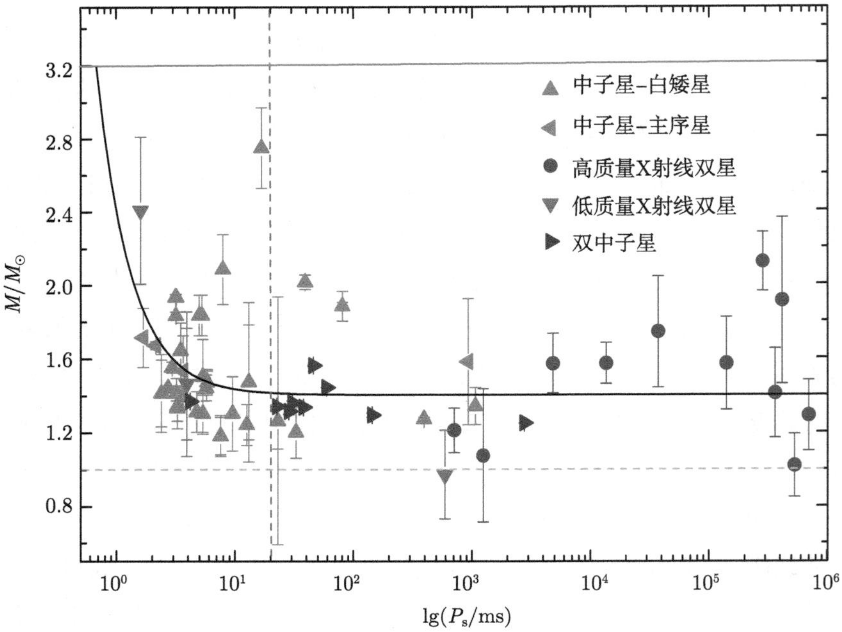

图 4.12　61 颗中子星的质量–自旋周期图

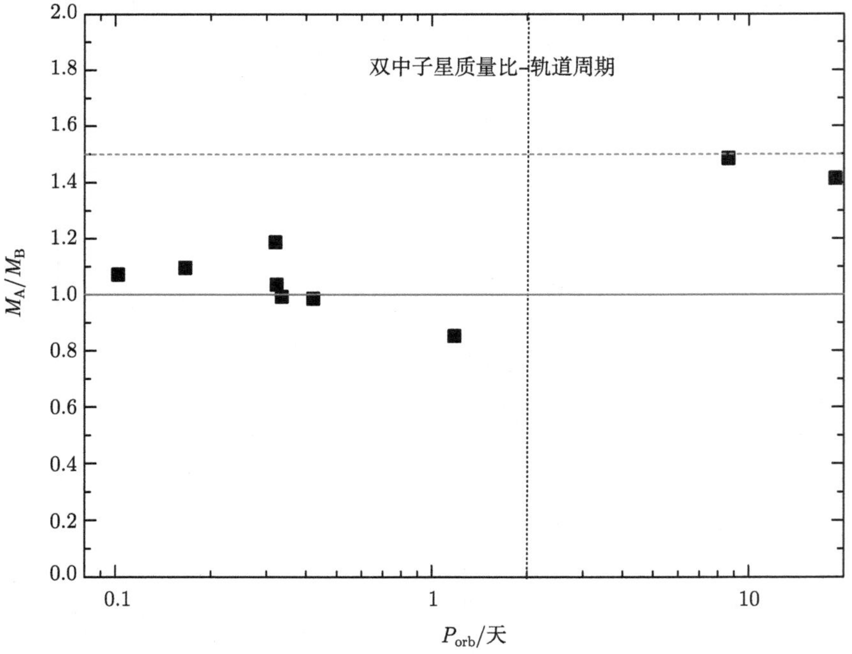

图 4.13　9 对双中子星的主伴星质量比与自旋周期分布图

M_A/M_B 代表主星与伴星的质量比

下面简单介绍一下射电脉冲星及 X 射线中子星质量的测量方法。

4.3.2 射电脉冲双星的质量测量

射电脉冲双星的测时观测为中子星的质量提供了目前最精确的测量。图 4.14 显示了垂直于视线方向的双星系统中主星的椭圆轨道。M_{p} 和 M_{c} 分别表示脉冲星及其伴星的质量，轨道平面与视线垂直平面的夹角即轨道倾角 i，虚线表示轨道升交点和降交点所在直线。当脉冲星通过交点时，运动的多普勒频移会改变符号。引入轨道偏心率 e，则半短轴 b 和半长轴 a 的关系可以表示为

$$b^2 = a^2(1 - e^2) \tag{4.42}$$

脉冲星距离系统质心的最大距离和最小距离可以分别表示为 $a(1+e)$ 和 $a(1-e)$。

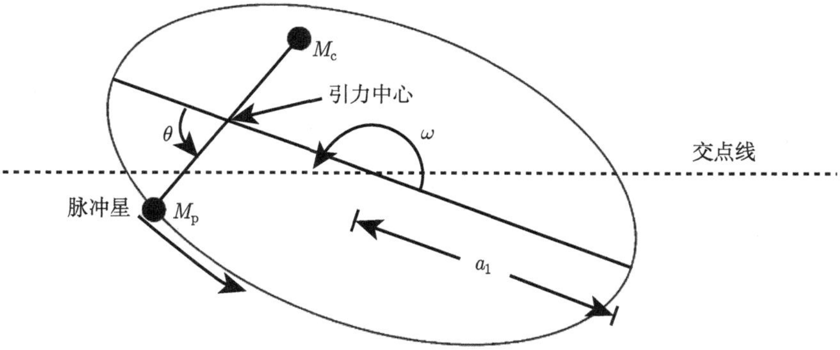

图 4.14 脉冲双星椭圆轨道的参数

虚线为系统轨道平面与视线垂直平面的交轨线

测量得到的脉冲星的自旋周期由于其轨道运动而产生周期性的变化，其径向速度的开普勒效应对自旋周期的调制作用可以表示为

$$P_{\mathrm{spin}}^{\mathrm{obs}}(t) = [P_{\mathrm{spin}}(t_0) + \dot{P}_{\mathrm{spin}}(t - t_0)]\sqrt{\frac{1 + v_{\mathrm{r}}/c}{1 - v_{\mathrm{r}}/c}} \tag{4.43}$$

式中，$P_{\mathrm{spin}}^{\mathrm{obs}}(t)$ 为 t 时刻脉冲星的自旋周期；$\dot{P}_{\mathrm{spin}}$ 为脉冲星的自旋周期变率；v_{r} 为脉冲星轨道运动速度在视线方向上的分量，它又可以表示为

$$v_{\mathrm{r}} = \frac{2\pi}{P_b}\frac{a\sin i}{\sqrt{(1 - e^2)}}[\cos(\omega + \nu) + e\cos\omega] \tag{4.44}$$

式中，$a\sin i$ 为轨道半长轴在视线方向投影长度；e 为轨道偏心率；ν 为脉冲星的真近点角 (图 4.14)，它可以表示为

$$\tan\frac{\nu}{2}=\sqrt{\frac{1+e}{1-e}}\tan\frac{E}{2} \tag{4.45}$$

$$E-e\sin E=\frac{2\pi}{P_{\rm orb}}(t-T_0) \tag{4.46}$$

由以上四个方程拟合脉冲星自旋周期的多普勒曲线就可以确定脉冲星轨道运动的五个开普勒参数，包括轨道周期 $P_{\rm orb}$，半长轴投影 $a\sin i$，轨道偏心率 e，近星点经度 ω 及通过近星点处的时间 T_0。由此质量函数可以写为

$$f=\frac{(M_2\sin i)^3}{(M_2+M_1)^2}=\left(\frac{2\pi}{P_{\rm orb}}\right)^2\frac{(a\sin i)^3}{G} \tag{4.47}$$

式中，M_1 和 M_2 分别为脉冲星和伴星的质量。但由于缺乏轨道倾角信息，伴星的质量函数往往也无法直接测量，因而脉冲星的质量不能通过上述开普勒参数直接确定。

这种情况下，引入广义相对论用以描述双星系统的轨道运动，为脉冲星质量的精确测量带来可能。具体来说，星体的引力可以用度规张量描述的时空性质来表示。对于双星系统，双星的轨道运动引起了双星系统中空间的曲率发生改变，这种曲率扰动会以引力波的形式向外辐射，由此将导致系统角动量和总能量的损失。对爱因斯坦方程取二阶近似 (一阶近似即为牛顿引力下的开普勒运动)，则双星系统的能量 E、角动量 J、轨道半长轴 a、偏心率 e、轨道周期 $P_{\rm orb}$ 的时间变化率可以表示为如下形式：

$$\dot{E}=-\frac{32G^4M_{\rm p}^2M_{\rm c}^2M}{5c^5a^5(1-e^{7/2})^2}\left(1+\frac{73}{24}e^2+\frac{37}{96}e^4\right) \tag{4.48}$$

$$\dot{J}=-\frac{32G^{7/2}M_{\rm p}^2M_{\rm c}^2M^{1/2}}{5c^5a^{7/2}(1-e^2)^2}\left(1+\frac{7}{8}e^2\right) \tag{4.49}$$

$$\dot{a}=-\frac{64G^3M_{\rm p}M_{\rm c}M}{5c^5a^3(1-e^2)^{7/2}}\left(1+\frac{73}{24}e^2+\frac{37}{96}e^4\right) \tag{4.50}$$

$$\dot{e}=-\frac{304eG^3M_{\rm p}M_{\rm c}M}{5c^5a^4(1-e^2)^{5/2}}\left(1+\frac{121}{304}e^2\right) \tag{4.51}$$

$$\dot{P}_{\rm orb}=P_{\rm orb}\frac{3\dot{a}}{2a} \tag{4.52}$$

这里，$M = M_{\mathrm{p}} + M_{\mathrm{c}}$。对于脉冲双星系统，主星为脉冲星，其伴星往往同为致密星(中子星或者白矮星)，这使得系统中由广义相对论效应带来的上述参数 (式 (4.52)) 的变化相应明显，使后开普勒 (PK) 参数的测量成为可能，如近星点进动 $\dot{\omega}$，轨道周期导数 $\dot{P}_{\mathrm{orb}}$，时间延迟–引力红移因子 γ，夏皮罗延迟的范围 r 和形状 s。这些参数可以由下面方程给出：

$$\dot{\omega} = 3\left(\frac{P_{\mathrm{orb}}}{2\pi}\right)^{-5/3}\left[\frac{G(M_{\mathrm{c}}+M_{\mathrm{p}})}{c^3}\right]^{2/3}(1-e^2)^{-1} \tag{4.53}$$

$$\gamma = e\left(\frac{P_{\mathrm{orb}}}{2\pi}\right)^{1/3}\left(\frac{G}{c^3}\right)^{2/3}(M_{\mathrm{c}}+M_{\mathrm{p}})^{-4/3}M_{\mathrm{c}}(2M_{\mathrm{c}}+M_{\mathrm{p}}) \tag{4.54}$$

$$\begin{aligned}\dot{P_{\mathrm{orb}}} = &-\frac{192\pi}{5}\left(\frac{P_{\mathrm{orb}}}{2\pi}\right)^{-5/3}\left(\frac{G}{c^3}\right)^{5/3}\left(1+\frac{73}{24}e^2+\frac{37}{96}e^4\right)\\ &\times(1-e^2)^{-7/2}M_{\mathrm{c}}M_{\mathrm{p}}(M_{\mathrm{c}}+M_{\mathrm{p}})^{-1/3}\end{aligned} \tag{4.55}$$

$$r = \frac{G}{c^3}M_{\mathrm{c}} \tag{4.56}$$

$$s = G^{-1/3}a\sin i\left(\frac{P_{\mathrm{orb}}}{2\pi}\right)^{-2/3}(M_{\mathrm{c}}+M_{\mathrm{p}})^{2/3}M_{\mathrm{c}}^{-1} \tag{4.57}$$

质量函数结合任意两个后开普勒参数就可以确定双星系统中脉冲星和其伴星的质量。

利用 $\dot{\omega}$ 和 γ 这两个后开普勒参数 (可以提供更高的测量精度) 确定质量的系统包括 B1913+16、J1906+0746、B2127+11C、B1534+12、J0737-3039A(B)、J1756-2251 这六套双中子星系统 (其中包括一套双脉冲星系统)。然而，对于某些系统，如双中子星系统 J1829+2456、J1811-1736、J1518+4904 及某些脉冲星–白矮星系统，由于往往只有一个测量的开普勒参量，因而在缺乏轨道倾角信息的条件下，中子星的质量不能直接导出。这时，往往通过轨道倾角的可能取值范围 $0 \leqslant \sin i \leqslant 1$ 及 $M_{\mathrm{p}} > 0, M_{\mathrm{c}} > 0$ 来限制中子星的质量。

以上提到的中子星质量的测量方法都是基于双星系统的动力学参数，测量结果依赖于动力学参数的确定而不包含其他的模型假定 (个别子参数依赖于模型)，这使得上述方法测量的质量较为精确和更为可信。除了上述提到的基于动力学参数的测量方法，还可利用其他的估算方法对中子星的质量进行限定。

4.3.3 射电脉冲双星的质量估算

利用脉冲星测时得到的五个开普勒参数结合任意两个后开普勒参数即可精确测定脉冲星的质量，然而这要求脉冲时延的相对论效应足够显著，这种测量方法适用于密近高偏心率的双星系统，特别是双中子星系统。而在更多的情况下，射电脉冲双星往往为宽轨道系统，其伴星通常为白矮星。对于脉冲星–白矮星系统，我们通常认为其前身星系统为 LMXB，这意味着在双星系统中的中子星形成之后，其伴星必须经历巨星阶段，其伴星演化为白矮星的时标至少为 10^{10}yr。在这一阶段中，潮汐力会使得轨道圆化，而巨星会充填满其洛希瓣并发生洛希瓣溢流，吸积物质加速脉冲星自旋至毫秒量级。在质量转移的最后阶段，巨星的壳层会耗散并最终留下简并的白矮星伴星。此时利用第 1 章中洛希瓣势近似解帕琴斯基 (Paczynski) 的简化形式，可以得到

$$R_2 \approx 0.46a\left(1+\frac{M_1}{M_2}\right)^{-1/3} \tag{4.58}$$

式中，M_1，M_2 分别为脉冲星及其伴星 (巨星) 的质量。考虑到在质量转移的最终阶段，忽略巨星壳层部分的质量，根据开普勒定律可得

$$P_{\rm orb} = 0.374\left(\frac{R_2}{R_\odot}\right)^{3/2}\left(\frac{M_2}{M_\odot}\right)^{-1/2}\ \rm d \tag{4.59}$$

根据拉帕波特 (Rappaport) 等 1995 年针对恒星模型的检验结果，巨星的半径和质量的关系可以表示为

$$R_2 = \frac{R_0 M_2^{9/2}}{1+4M_2^4} + 0.5 \tag{4.60}$$

观测得到恒星模型的最佳拟合结果给出 $R_0 = 4950R_\odot$。对于 $M_2 < 0.25M_\odot$ 的系统，上式还可以表示为

$$\lg R_2 = 0.031 + 1.718M_2 + 8.04M_2^2 \tag{4.61}$$

由上式即可得到伴星的 $P_{\rm orb}$-M_2 关系，结合已知的轨道周期，我们即可确定双星系统中白矮星伴星的质量。除了利用上述 $P_{\rm orb}$-M_2 的关系来确定白矮星的质量，通过测量白矮星的表面引力同样可以给出白矮星的质量。由于白矮星的半径可以直接根据白矮星的光学流量、有效温度和距离估计出来。另外，基于白矮星大气的光谱拟合可以给出白矮星的表面引力，从而得到质量-半径关系，据此即可给出白矮星质量的估计值。然而，由于目前对较低质量的白矮星 ($M_2 < 0.5M_\odot$，通常被认

为质量不足以生成碳元素而主要由氦元素组成的白矮星) 的光度和温度的演化缺乏足够的认识，它的质量-半径关系的计算往往存在很大的偏差，这使得这种估计方法的使用受到很大限制。

为估算脉冲星的质量，我们还需要系统的轨道倾角信息。对于存在于双星系统中的毫秒脉冲星来说，一般认为由于吸积加速作用脉冲星的自转方向与轨道角动量方向相同，利用脉冲星辐射的偏振测量得到自转轴与视线方向的夹角，即可估算双星的轨道倾角。此外，利用星际闪烁效应和脉冲星的自行测量还可以限定轨道倾角的取值区间。但对于没有上述轨道信息的系统，一般假定轨道与视线方向的夹角随机分布，取 $\cos i$ 为 0~1 的均匀分布，以此结合白矮星质量来估算脉冲星的质量。

4.3.4 X 射线中子星的质量测量

对于 X 射线脉冲双星系统的轨道参数可以由脉冲信号到达时间的多普勒延迟得到，径向速度曲线可以由光学谱线的观测得到，而由径向速度曲线又可以确定伴星的速度振幅，进一步，系统的质量比 q 可以确定：

$$q=\frac{M_{\mathrm{X}}}{M_{\mathrm{c}}}=\frac{K_{\mathrm{c}}}{K_{\mathrm{X}}}=K_{\mathrm{c}}\frac{P_{\mathrm{orb}}}{2\pi}\frac{\sqrt{1-e^2}}{a_x\sin i} \tag{4.62}$$

式中，M_{X} 和 M_{c} 分别为 X 射线源及其伴星的质量；K_{X} 和 K_{c} 分别为 X 射线源及其伴星径向速度曲线的振幅；P_{orb} 为系统的轨道周期；i 和 e 分别为轨道倾角和偏心率。轨道倾角的确定对于系统的质量限制起到重要作用，并且也是质量测量不确定性的主要来源。它可在掩食 X 射线双星系统中较精确的测量，其近似表达式为

$$\sin i\approx\frac{\sqrt{1-\beta^2\left(\frac{R_{\mathrm{L}}}{a}\right)^2}}{\cos\theta_{\mathrm{e}}} \tag{4.63}$$

式中，R_{L} 为双星系统中伴星的洛希瓣半径；a 为双星距离；β 为伴星对主星洛希瓣的填充率 (对于椭圆轨道，其值由近星点处的填充率给出)；θ_{e} 为系统 X 射线脉冲的半掩食角。洛希瓣的几何大小和形状可以近似地表达为

$$R_{\mathrm{L}}\approx a(A+B\log q+C\log^2 q) \tag{4.64}$$

这里，A、B、C 的数值由下式决定：

$$A\approx 0.398-0.026\Omega^2+0.004\Omega^3 \tag{4.65}$$

$$B \approx -0.264 + 0.052\Omega^2 - 0.015\Omega^3 \tag{4.66}$$

$$C \approx -0.023 - 0.005\Omega^2 \tag{4.67}$$

式中，Ω 定义为光学伴星的旋转频率与系统轨道频率的比值，即共转因子 (Ω=1 适用于同步旋转的情况)。由谱线的展宽效应可以计算星体自转的线速度 $v_{\rm rot}\sin i$。方程 (4.64)~(4.67) 给出了 $0\leqslant \Omega \leqslant 2$ 和 $0.02\leqslant q \leqslant 1$ 范围内 $R_{\rm L}$ 的值。随着系统倾角的确定，主星的质量可以由下式得到

$$M_{\rm X} = \frac{K_{\rm c}^3 P_{\rm orb}(1-e^2)^{3/2}}{2\pi G \sin^3 i}\left(1+\frac{1}{q}\right)^2 \tag{4.68}$$

用这种方法测量质量的系统包括：4U1700-37、Vela X-1、Cen X-3、IGR J18027-2016、OAO 1657-415、4U1538-52、LMC X-4、SMC X-1 和 Her X-1，导出质量的轨道参数在表 4.2 给出。

表 4.2　掩食 X 射线脉冲双星的系统轨道参数

系统	$P_{\rm orb}$/d	$a_{\rm X}\sin i$(lt-s)	e	$\theta_{\rm e}$/(°)	$K_{\rm c}$/(km/s)	Ω
4U1700-37	3.41	–	0.22(4)	28.6(21)	20.6(10)	0.8~1.0
Vela X-1	8.96	113.89(13)	0.0898(12)	30~36	21.7(16)	0.67(4)
Cen X-3	2.07	39.56(7)	0	32.9(14)	27.5(23)	0.75(13)
IGR J18027	4.57	68(1)	$\lesssim 0.2$	34.9(46)	23.8(31)	1
OAO 1657-415	10.45	106.16(8)	0.107(1)	29.7(13)	22.1(35)	1.2(2)
4U 1538-52	3.73	56.6(7)	0.174(15)	27~30	20(3)	0.91(20)
LMC X-4	1.41	26.343(16)	0.006(2)	25~29	35.1(15)	0.97(13)
SMC X-1	3.89	53.4876(4)	0	26~30.5	20.2(11)	0.91(20)
Her X-1	1.70	13.1831(3)	0	24~25	90(20)	1.00(15)

对于低质量 X 射线双星 (LMXB，I 型 X 射线暴)，其轨道参数只能通过其宁静态时的光学观测得到。利用光谱吸收线计算光学伴星轨道运动中的径向速度可得到径向速度曲线，从而可以确定双星的轨道周期 $P_{\rm orb}$ 和速度振幅 K_2，那么中子星的质量函数由此可以得出

$$f(M_1) = \frac{P_{\rm orb}K_2^3}{2\pi G} = \frac{M_1\sin^3 i}{(1+q)^2} \tag{4.69}$$

利用 $q>0$ 和 $\sin i \leqslant 1$，我们可以限制中子星的质量下限，更精确的质量测量则依赖于质量比 q 和轨道倾角 i 的确定。双星的质量比可以利用光学伴星的谱线

展宽效应给出，其计算公式如下：

$$\nu \sin i = K_{\rm c}(1+q)\frac{0.49q^{2/3}}{0.6q^{2/3}+\ln(1+q^{1/3})} \tag{4.70}$$

式中，$q = M_{\rm c}/M_{\rm X}$，即为伴星和 X 射线源的质量比；$\nu \sin i$ 为光学伴星表面的旋转线速度在视线方向上的投影。利用求得的质量比、测量参数算得的质量函数以及模型给出的轨道倾角，即可确定中子星的质量。使用该测量方法确定质量的系统包括 Cyg X-2、XTE J2123-058、V395 CARINAE 三套系统。这里还要提到 X 射线双星中可能发生的浸润效应。在 HMXB 中，光学伴星会因轨道运动对致密星体的 X 射线辐射产生掩食作用，这种现象往往对应于高轨道倾角 (edge on) 的系统。而 X 射线浸润是指由于吸积流体 (吸积盘) 对 X 射线辐射的吸收作用，X 射线流量减小从而导致其出现周期性的 X 射线昏暗现象。依靠这种效应，我们可以给出轨道倾角更好的估算范围。除此之外，基于模型的光学伴星的轨道光变曲线分析也可以帮助我们确定系统的轨道倾角，从而确定中子星的质量。表 4.3 给出了用于计算低质量 X 射线双星系统中子星质量的轨道参数。但在实际的观测中，低质量 X 射线双星的光学辐射往往是由吸积盘辐射主导，因而除极少数伴星性质可以很好确定的源外，上述基于双星轨道运动的质量测量方法不能普适于 LMXB。Cyg X-2 就是基于上述方法确定质量的很好的例子，其伴星的光学辐射占到光学辐射总光度的 70% 以上，使得其成为适用于上述方法的理想系统。

表 4.3 低质量 X 射线双星系统中子星质量的轨道参数

系统	$P_{\rm orb}$/d	$K_{\rm c}$/(km/s)	$\nu \sin i$/(km/s)	i/(°)
Cyg X-2	9.84	88.0(14)	34.2(25)	62.5(40)
XTE J2123-058	0.25	299(7)	121^{+21}_{-29}	73(4)
V395 CARINAE	9.02	99.1(31)	32.9(8)	~ 83

2002 年，斯蒂赫斯 (Steeghs) 和卡萨雷斯 (Casares) 在低质量 X 射线双星 —— 天蝎星座 (Sco) X-1 中发现了高激发态的光学发射线。这些强发射线位于 Bowen range (4630~4660Å) 内，主要由 N III和 C III的混合谱线组成，其中 N III来自于紫外荧光过程而 C III则是由光致电离及后续复合效应产生的。

斯蒂赫斯和卡萨雷斯认为这些谱线来自于伴星表面主要基于以下原因：① 基于鲍恩 (Bowen) 混合发射线的多普勒层析成像 (Doppler tomography) 分析方法显示辐射源自于一个很亮的热点；② 光谱的相位分析表明这些窄发射线的多普勒移

动方向与中子星和吸积盘的轨道相位相反，这意味着这些发射线不可能来自于中子星或者吸积盘。这一发现可以帮助我们在吸积盘主导系统光学波段辐射的情况下测量伴星的运动，给出伴星径向轨道运动的速度振幅 K_2，从而使得对此类系统中中子星质量的测量和限制成为可能。目前已有数个源基于鲍恩混合发射线的方法给出了中子星质量的估计值。然而，这种方法给出的伴星速度振幅 K_2 为其真实值的下限 (因为鲍恩混合发射线并不来自伴星的表面，而是受到致密星 X 射线辐射热点的影响)，这使得由这种方法测得的质量在轨道倾角 i 和双星质量比 q 较大的测量 (估算) 误差的基础上引入了新的不确定性误差。另外，由于使用该种分析方法需要知道双星系统相对于观测者的运动速度，某些系统的辐射热点也有可能位于吸积盘的致密区上，这些都对该种测量方法的准确性有着重要的影响。

4.3.5　X 射线中子星系统的质量估算

欧泽尔 (Özel) 于 2006 年利用 I 型 X 射线暴的观测特征对 EXO 0748-2676 系统中的中子星质量进行了限定。EXO 0748-2676 是一类特殊的 X 射线热核暴源，其吸积光度能超过了爱丁顿 (Eddington) 光度的限制，以至于星体表面的辐射压足以对抗中子星的强大引力场而抬起星体外壳层的物质，引发通常说的光球层半径膨胀暴。牛顿天文台 (X MM-Newton) 通过对中子星表面的氧和铁的吸收线的红移观测发现了该系统的这种现象。利用这一类系统的特殊性质即可帮助我们认识中子星的质量及中子星的物态结构。这一方法依赖于三个独立的可观测量：爱丁顿流量 $F_{\rm Edd}$，中子星表面的引力红移 z 及 $F_{\rm cool}/T_{\rm c}^4$ (其中 $F_{\rm cool}$ 为爆发态时的热流量，$T_{\rm c}$ 为色温度)。

由于系统在爆发态时出现光球层膨胀现象，$F_{\rm Edd}$ 定义为辐射压与引力处于平衡状态时的极限流量，其表达式为

$$F_{\rm Edd}=\frac{1}{4\pi D^2}\frac{4\pi GM_{\rm c}}{k_{\rm es}}\left(1-\frac{2GM}{Rc^2}\right)^{1/2} \tag{4.71}$$

式中，M 和 R 分别为中子星的质量和半径；D 为系统距离观测者的距离；$k_{\rm es}=0.2(1+X)$ 为电子散射不透明度。

通过对爆发态时 X 射线能谱中氧和铁吸收线的观测可以测量中子星的表面红移，其表达式为

$$z=\left(1-\frac{2GM}{Rc^2}\right)^{-1/2}-1 \tag{4.72}$$

热流量与色温度 T_c^4 的比值 $F_{\rm cool}/T_c^4$ 可以记为

$$F_{\rm cool}/\sigma T_c^4 = f_\infty^{-4}\frac{R^2}{D^2}\left(1-\frac{2GM}{Rc^2}\right)^{-1} \tag{4.73}$$

式中，f_∞ 为色改正因子，定义为色温度和有效温度的比值：$f_\infty \equiv T_c/T_{\rm eff}$。利用基于恒星金属丰度的大气模型的拟合函数，$f_\infty$ 又可以表示为

$$f_\infty = 1.34 + 0.25\left(\frac{1+X}{1.7}\right)^{2.2}\left[\frac{T_{\rm eff}^4/10^7{\rm K}}{g/10^{13}({\rm cm/s^2})}\right]^{2.2} \tag{4.74}$$

式中，g 为中子星表面的引力加速度。

由式 (4.71)~(4.73)，就可以确定中子星的物理参数 (中子星的质量 M、半径 R 及与观测者的距离 D)：

$$M = \frac{f^4c^5}{4Gk_{\rm es}}\left(\frac{F_{\rm cool}}{\sigma T_c^4}\right)\frac{[1-(1+z)^{-2}]^2}{(1+z)^3}F_{\rm Edd}^{-1} \tag{4.75}$$

$$R = \frac{f^4c^3}{2k_{\rm es}}\left(\frac{F_{\rm cool}}{\sigma T_c^4}\right)\frac{1-(1+z)^{-2}}{(1+z)^3}F_{\rm Edd}^{-1} \tag{4.76}$$

$$D = \frac{f^2c^3}{4Gk_{\rm es}}\left(\frac{F_{\rm cool}}{\sigma T_c^4}\right)^{1/2}\frac{1-(1+z)^{-2}}{(1+z)^3}F_{\rm Edd}^{-1} \tag{4.77}$$

4.4 中子星的半径

通常情况下，可以通过物态方程的理论计算分析中子星的形成过程。中子星的半径一般认为在 10 ~ 20km，确定中子星半径 (R) 的方法可以通过测量中子星表面的谱转换或电子对吸收光子产生的多普勒红移 $z_{\rm surf}$ 估算，相关公式为

$$R = \frac{1+z_{\rm surf}^2}{z_{\rm surf}(2+z_{\rm surf})}r_{\rm g}, \quad r_{\rm g} = \frac{2GM}{c^2} \approx 2.95({\rm km})\frac{M}{M_\odot} \tag{4.78}$$

式中，$r_{\rm g}$ 为星体的施瓦西半径；M 为星体质量。另一种估算半径的方式是通过对中子星表面光学和 X 射线波段热辐射的观测进行的，由辐射光度推断中子星的半径。中子星表面的引力会引起热流量和温度的红移，从而导致观测者所得到的温度比实际值要低，这样得到的半径 $R_{\rm obs}$ 将大于中子星的内禀半径 R：

$$R_{\rm obs} = \frac{R}{\sqrt{1-2GM/Rc^2}} = \frac{R}{\sqrt{1-r_{\rm g}/R}} \tag{4.79}$$

中子星的等离子大气层会对发射光度有很大的影响，强磁场也会改变其亮度的分布，这些都会对中子星半径的相关测量及估算结果产生影响。拉蒂默 (Latimer) 和格伦德宁 (Glendenning) 等在 1990 年推导出来的中子星半径的最小值为

$$R_{\min} \simeq 1.5r_{\rm g} = \frac{3GM}{c^2} = 6.2({\rm km})\frac{M}{1.4M_\odot} \tag{4.80}$$

当星体稳定到可以足够抗衡离心力的分解效应时，我们得到中子星半径的最大值为

$$R_{\max} \simeq \left(\frac{GMP^2}{4\pi^2}\right)^{\frac{1}{3}} = 16.8({\rm km})\left(\frac{M}{1.4M_\odot}\right)^{\frac{1}{3}} P^{\frac{2}{3}} \tag{4.81}$$

式中，P 为中子星的自旋周期。

在中等密度下 ($1.5n_{\rm s} < n < 2-3n_{\rm s}$，$n$ 是多方指数)，中子星的半径可以由中子星内部压强 (p) 与半径之间的关系以及密度对对称能的依赖性来确定。压强和密度的关系为

$$p = K\rho^{1+1/n} \tag{4.82}$$

式中，K 为常数；$n \simeq 1$。由流体力学平衡方程有

$$R \propto K^{n/(3-n)}M^{(1-n)/(3-n)} \tag{4.83}$$

如果平均密度与平均压强分别为 ρ_*，p_*，则

$$R \propto p_*^{1/2}\rho_*^{-1}M_0 \tag{4.84}$$

假设表面密度为 0，由爱因斯坦方程解析解及压强密度关系得到物态方程有

$$\epsilon = 12\sqrt{p_*p} - 5p \tag{4.85}$$

在低密度下 ($p \ll p_*$) 的半径表达式为

$$R = (1-\beta)\sqrt{\frac{\pi}{288p_*(1-2\beta)}} \tag{4.86}$$

式中，$\beta = GM/Rc^2$。由物态方程出发，给出中子星饱和密度为 $n_{\rm s}$ 附近的物质的压强-半径关系式为

$$\left.\frac{{\rm d}\ln R}{{\rm d}\ln P}\right|_{n,M} = \frac{1}{2}\frac{(1-\beta)(1-2\beta)}{1-3\beta+3\beta^2}\frac{6-5\sqrt{p/p_*}}{6+\sqrt{p/p_*}} \tag{4.87}$$

以上给出了估算中子星半径的几种方法，另外还可以根据中子星的光度，转动惯量及准周期振荡等观测特征来估算双星系统中中子星的质量和半径的关系。

第 5 章　双星演化与毫秒脉冲星的形成

5.1　X 射线双星及射电脉冲星双星

5.1.1　X 射线双星及射电脉冲星双星简介

脉冲星双星的前身星是典型的 X 射线双星，其伴星是一颗恒星，一般根据其伴星质量的大小可以分为三类。

(1) 高质量 X 射线双星 (HMXB)，伴星质量大于 $8M_{\odot}$，寿命较短，$10^5 \sim 10^7$yr，主要分布在银道面附近，在银河系中已发现 100 多颗。它们主要通过星风吸积或者吸积盘吸积获得能量。在星风吸积过程中，伴星抛出较强的星风物质，离主星较近的物质被俘获，然后在强磁场的作用下沿磁场线运动到主星的磁轴两极，期间产生 X 射线辐射。大约 60% 的 HMXB 伴星是 Be 星，这类系统的轨道偏心率比较大，X 射线的活动主要与 Be 星赤道附近的吸积盘有关系，有时还会产生耀发或 X 射线暴。

(2) 中等质量 X 射线双星 (IMXB)，伴星质量 3~$5M_{\odot}$，寿命长于 HMXB。因 IMXB 的伴星质量介于低质量 X 射线双星系统和 HMXB 的伴星质量之间，故其性质与其他两类双星系统存在重合。通常认为 IMXB 内的脉冲星的自转速度要低于毫秒脉冲星，但比 HMXB 内的脉冲星的自转速度要高。

(3) 低质量 X 射线双星 (LMXB)，伴星质量小于 1~$2M_{\odot}$，寿命长达 10^9yr，它们在银河系中分布弥散，主要位于球状星团或银河系核球中，目前在银河系和麦哲伦星云中已发现 300 多颗。LMXB 是毫秒脉冲星诞生的重要场所，中子星主要通过吸积盘吸积获得自转加速能量。在此过程中通常会伴随着 X 射线辐射，其能量是由吸积物质下落所减少的引力势能提供。如果吸积时间足够长，磁轴附近堆积的大量氢物质最终会达到温度和压力的临界值，从而发生热核聚变爆炸，也就是 Ⅰ 型 X 射线暴，其持续时间为 $10 \sim 100$s，爆发光度为 $10^{39} \sim 10^{40}$erg/s，并且可重复，目前已在 100 多个 LMXB 中观测到了 Ⅰ 型 X 射线暴。此外，在 X 射线双星暴中还可能出现与自旋频率接近的暴振荡现象。

X 射线双星的喷流产生于致密星体吸积伴星外层物质的阶段。在中子星双星系统中，吸积物质由于中子星的引力势作用会损失吸积质量为 m 所对应的引力势能 GMm/R，式中 M 及 R 分别为中子星的质量和半径，G 为引力常数。若中子星质量 $M \sim 1.4M_\odot$，半径 $R \sim 10\text{km}$，则 GMm/R 约为 $0.1mc^2$。这部分下落物质损失的引力势能转化为星体的动能，当物质到达星体表面，下落物质的速度约为光速的一半，与中子星的周围物质碰撞后，动能转化为热能，使得星体温度高于 10^7 K，能量将以 X 射线的形式辐射。如果星体为黑洞，大约有 $0.42mc^2$ 的能量在吸积物质到达黑洞视界线之前释放。由此可见，吸积到致密星体的单位物质所产生的能量释放为氢融合所产生质量的 13 ~ 15 倍，这是宇宙中能量产生的最有效的形式。

对比于 X 射线双星系统，还有射电双星脉冲星系统，一般存在三种类型：① 双中子星，拥有较小的轨道周期，约为几小时，目前已经知道有 18 套这样的双星系统存在于银河系中；② 中子星–白矮星，拥有近圆形轨道，这些脉冲星多数为自旋周期小于 10ms 的毫秒脉冲星，多数在星团中找到；③中子星–主序星，它们一般处于椭圆轨道中，可能是双中子星和中子星–白矮星的前身星系统。

5.1.2 爱丁顿光度

观测表明，X 射线双星辐射的 X 射线光度为 $10^{35} \sim 10^{38}$erg/s，相当于致密星体的吸积率 $(10^{-11} \sim 10^{-8})M_\odot/\text{yr}$。致密星体的最大吸积率称为爱丁顿极限，对于半径为 10km 的星体来说，爱丁顿极限为 $1.5 \times 10^{-8}M_\odot/\text{yr}$，若吸积率大于这个极限，作用于气体粒子的外部辐射压将会弥补星体的引力势能。对于质量为 M 的星体，其爱丁顿极限为 $L_{\max} = 10^{4.5}(M/M_\odot)L_\odot$，式中 $L_\odot$ 为太阳光度 $(4\times10^{33}\text{erg/s})$。当光度超过爱丁顿极限时，辐射压将吹散物质流。爱丁顿极限限定了致密星体辐射 X 射线的方式。

在中子星的吸积过程中，当其自旋周期达到开普勒周期时，中子星会在达到平衡自旋周期 (P_{eq}) 时停止加速，P_{eq} 表达为

$$P_{\text{eq}} = 2.4(\text{ms}) \cdot B_9^{6/7} m^{-5/7} (\dot{M}/\dot{M}_{\text{Edd}})^{-3/7} R_6^{18/7} \tag{5.1}$$

式中，B_9 为偶极磁场强度，单位为 10^9Gs；m 为中子星质量，单位为 $M_\odot$；R_6 为

中子星的半径，单位为 10^6cm；$\dot{M}_{\rm Edd}$ 为当吸积光度 $L_{\rm acc}$ 达到爱丁顿光度 $L_{\rm Edd}$ 时的吸积率，爱丁顿吸积光度定义为当星体的等离子气体的辐射压力与引力相平衡时星体所发出的光度：

$$\frac{GM}{r^2} = \frac{L\sigma_{\rm el}}{4\pi r^2 m_{\rm p} c} \tag{5.2}$$

式中，r 为等离子气体到星体中心的距离；$m_{\rm p}$ 为质子质量；$\sigma_{\rm el}$ 为汤姆孙 (Thomson) 电子散射因子，方程 (5.2) 可以写为

$$L_{\rm Edd} = \frac{4\pi GMm_{\rm p}c}{\sigma_{\rm el}} = 10^{4.5}\left(\frac{M}{M_\odot}\right)L_\odot \tag{5.3}$$

式中，$M_\odot$ 与 $L_\odot$ 分别为太阳质量和太阳光度。爱丁顿极限给出了致密吸积星体的吸积光度上限，如果 $L_{\rm acc} > L_{\rm Edd}$，过多的吸积物质将被辐射压控制。所以，中子星的最大吸积率的表达式为

$$L_{\rm Edd} = GM\dot{M}/R = 10^{4.5}\left(\frac{L_\odot}{R_6}\right)\left(\frac{M}{M_\odot}\right)\left(\frac{\dot{M}}{1.5\times10^{-8}M_\odot{\rm yr}^{-1}}\right) \tag{5.4}$$

联合方程 (5.2) 与 (5.4)，我们得到爱丁顿吸积率：

$$\dot{M}_{\rm Edd} = R_6\cdot 1.5\times10^{-8}\ M_\odot{\rm yr}^{-1} \tag{5.5}$$

当半径为 $R_6 = 1$，爱丁顿吸积率为 $\dot{M}_{\rm Edd} = 1.5\times10^{-8}\ M_\odot{\rm yr}^{-1}$ 时，平衡自旋周期 $P_{\rm eq}$ 将引出下面的表述：在吸积过程中，由于中子星的磁场非常强，吸积物质不能直接落到中子星表面，反而会在中子星周围形成一个吸积盘，在距离中子星阿尔文半径 $R_{\rm A}$ 处，吸积物质沿着磁力线下落到磁极处。阿尔文半径 $R_{\rm A}$ 定义为：当中子星的磁场能密度与吸积盘等离子体的动能密度相平衡时的半径，表达式为

$$B^2(r)/8\pi = \frac{1}{2}\rho(r)v^2(r) \tag{5.6}$$

式中，ρ 为吸积物质的质量密度；$v(r)$ 为以中子星为中心的位置半径 r 时物质的自由下落速度，或者是逃逸速度：

$$v(r) = \left(\frac{2GM}{r}\right)^{1/2} \tag{5.7}$$

将吸积率 $\dot{M}$ 转换成气体密度表达，运用关系式 $\dot{M} = 4\pi r^2\rho(r)v(r)$，则中子星的磁偶极表达式为

$$B(r) = B_{\rm s}\left(\frac{R}{r}\right)^3 \tag{5.8}$$

式中，B_s 为中子星表面的偶极磁场强度，从而得到

$$R_A = \left(\frac{B_s^2 R^6}{\dot{M}\sqrt{2GM}}\right)^{2/7} \tag{5.9}$$

当 $r < R_A$ 时，磁场主导着吸积物质和中子星一起转动；当 $r > R_A$ 时，吸积盘的物质将在开普勒轨道自由运动；当 $r = R_A$ 时，吸积物质将进入磁层并沿着开放的磁力线运行到磁极两端。很明显，如果星体的自旋频率在 $r = R_A$ 处小于开普勒频率，吸积物质才能进入磁层。当自旋频率与开普勒频率相等时，中子星到达其平衡自旋周期 P_{eq}：

$$\frac{2\pi}{P_{eq}} = \Omega_K(r = R_A) = \left(\frac{GM}{R_A^3}\right)^{1/2} \tag{5.10}$$

当自旋周期大于平衡周期时 $(P > P_{eq})$，吸积物质的角动量会使得中子星自旋加速。当 $P < P_{eq}$ 时，吸积物质会在阿尔文半径处堆积，并在磁层施加制动力矩使得星体减速。所以，我们期望吸积中子星的自旋周期在吸积进程中接近平衡周期 $(P \approx P_{eq})$，使中子星加速。由此可以看到，吸积中子星的最短旋转周期将在吸积率为爱丁顿吸积率的条件下达到，即达到平衡自旋周期。由方程 (5.1) 可以看出，当给定中子星的质量和半径，自旋周期将仅仅依赖于磁场的大小。对于标准的中子星，质量 $M = 1.4M_\odot$，半径 $R_6 = 1$，其平衡自旋周期为

$$P_{eq} = 1.89(\text{ms})B_9^{6/7} \tag{5.11}$$

这个关系式被我们称为中子星的“加速线”方程。

另外，根据已经测得的脉冲星数据可以发现没有长自旋周期、低磁场的脉冲星。为了解释这个现象，我们需要对脉冲星的射电辐射起源有一定的了解。极亮并且极高温 ($\sim 10^{30}$K) 的射电辐射说明这种辐射与高能粒子相关，在中子星的磁球层中充满了这样的高能粒子。等离子体在半径为 $R_L = cP/2\pi$(c 是光速) 处随着磁力线被抛出，并在光速圆柱内随着脉冲星一同旋转。在光速圆柱附近的非闭合磁力线不会随着中子星一同旋转，而靠近这些非闭合磁力线的等粒子体将会离开脉冲星的磁层并形成脉冲星风。我们把在中子星磁极附近，非闭合磁力线所占的区域称为中子星的“极冠”(polar caps)。

随着正负电子对的产生，在中子星的极冠伴随射电辐射产生了大量的极端相对论粒子。大部分粒子随着中子星的磁力线一起旋转并被加速，这些高能粒子由于

高速运动产生高能 γ 射线。γ 射线与中子星的强磁场互相作用，反过来又会产生正负电子对，高能粒子增加且被加速，从而再次产生高能 γ 射线，当极冠的电压高于一定的边界值时，这样重复过程才会发生。当极冠电压低于这个值时，正负电子对的生成量会减少，脉冲行为停止。我们用磁场和自旋周期的关系来表达这种脉冲行为停止的界限即 B_s/P^2。早期的观测表明这个边界电压值约为 $(B_s/10^{12})/P^2 \sim 0.2$，我们把这个方程称为脉冲星的死亡线方程，这个电压系数 0.2 与鲁德曼 (Ruderman) 和萨瑟兰 (Sutherland) 在 1975 年的理论估算值相接近。现代观测表明这个界限有所下降。

5.1.3 洛希瓣

双星近似看作质量点，轨道为近圆形，角速度为 Ω，在旋转坐标系下，有效引力势能表达为

$$\Psi = -GM_1/r_1 - GM_2/r_2 - \Omega^2 \times r_3^2/2 \tag{5.12}$$

式中，r_1，r_2 分别为两颗星体 M_1，M_2 到质量中心的距离；r_3 为星体系统到旋转轴的距离。这个旋转轴连接质心坐标系统，垂直于轨道平面，轨道角速度由开普勒第三定律给出：

$$\Omega = \left(\frac{GM}{a^3}\right)^{1/2} \tag{5.13}$$

式中，$M = M_1 + M_2$；a 为两星体的距离 (定义为两星体的相对轨道半径)。

在密近双星系统中，潮汐力使得两星体随着轨道运动产生同步旋转，坐标系统也会随着轨道角速度旋转，这样星体相对坐标系统静止，在同一旋转的坐标框架下，星体将形成等势面。这个特殊的等势面为 ∞ 形状，中间连接的点为拉格朗日第一等势点 L_1，分布于 L_1 两侧的梨形部分是星体各自的洛希瓣。在洛希瓣内部，等势面接近球形，但是在接近洛希瓣边缘处，等势面接近梨形。我们用洛希瓣半径 R_c 表示洛希瓣的大小，比值 R_c/a 依赖于系统中两星体的质量比 $q = M_1/M_2$。埃格尔顿 (Eggleton) 给出了 R_c/a 的近似公式：

$$\frac{R_c}{a} = \frac{0.49q^{2/3}}{0.69q^{2/3} + \ln(1 + q^{\frac{1}{3}})} \tag{5.14}$$

其他常用到的近似有

$$\frac{R_c}{a} = 0.38 + 0.2\lg q \quad (0.5 \leqslant q \leqslant 20) \tag{5.15}$$

$$\frac{R_c}{a} = 0.462\left(\frac{q}{1+q}\right)^{1/3} \quad (0 < q < 0.5) \tag{5.16}$$

图 5.1 给出了双星系统的洛希等势线的平面分布图，图 5.2 给出了双星系统的洛希等势面分布图。从图中可以看到，在接近于双星附近的地方，由于受引力势能的

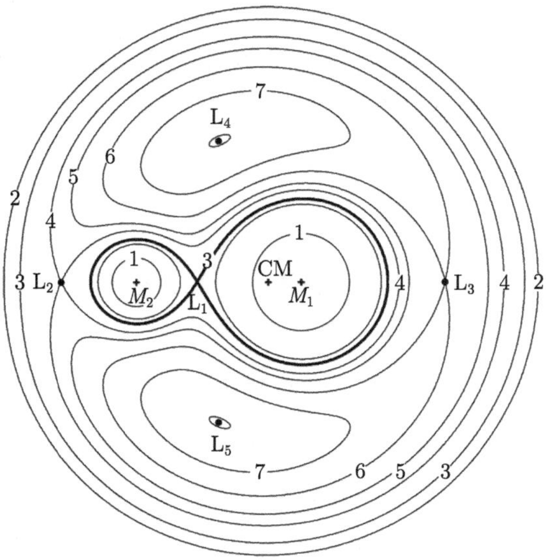

图 5.1　双星系统的洛希等势线的平面分布图

图中 $L_1 \sim L_5$ 是双星的五处等势点，双星周围是相应的等势线划分出的等势区域。当双星进行吸积时，吸积物质会通过等势点 L_1 进行物质交换

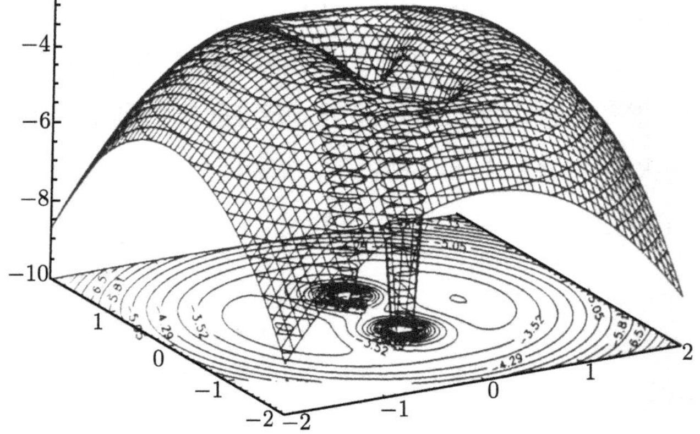

图 5.2　双星系统的洛希等势面分布图

影响，等势线或等势面出现极大的弯曲，而在远离双星的地方，下面两种效应开始变得明显：①伴星的潮汐效应使得等势线 (面) 沿着双星连线变长；②离心力在靠近星体时使等势线 (面) 变扭曲，而在远处变平滑。图 5.1 中，等势线将双星周围划分成几个部分，从双星的演化角度出发，比较重要的等势面是位于双星中间的部分，在这个等势面中有一个势能平衡点称为拉格朗日点 L_1，围绕这个点与相应的等势线所划分出的区域分别是双星各自的洛希瓣。

5.1.4 星风吸积

低质量伴星的半径接近洛希瓣半径 R_c，在此半径处吸积物质可以自由流向致密星体。对于双星系统中质量为太阳大小的伴星，物质流速率低于爱丁顿吸积率，且系统会有持续的 X 射线产生。而对于 HMXB，其伴星质量大于 $8M_\odot$，其洛希瓣处的质量转换率将高于 4 倍的爱丁顿吸积率，所以在 HMXB 中，主序星的半径在洛希瓣之内，伴星一般为 O 型巨星或 B 型巨星，且以星风吸积为主。致密星体通过捕捉星风吸积的物质，且吸积率小于爱丁顿吸积率，所以足够产生强 X 射线源。以下模式是致密星体吸积物质的两种方式：洛希瓣吸积对应 LMXB，星风吸积对应 HMXB。由于质量小于 $15M_\odot$ 的星体不能形成较强的星风，所以只有大于 $15M_\odot$(HMXB) 或者小于 $1.5M_\odot$(LMXB) 的星体才能够有足够质量的物质产生吸积，进而产生 X 射线源，这样就可以解释为什么我们只观测到两列主要的稳态 X 射线双星系统。然而，天文学家仅仅发现十几个 LMXB 源，其原因有待进一步研判。

对于 LMXB，一般是通过洛希瓣溢出进行双星质量交换，伴星物质在充满其洛希瓣后落向主星 (中子星或黑洞) 并形成吸积盘。对于 HMXB，一些偏心率较大的系统，由于轨道运动，中子星经过伴星附近时通过高质量伴星的恒星盘而发生吸积，这类系统的伴星通常为高速旋转的 Be Ⅲ/Ⅳ/Ⅴ星；另一些系统中伴星会发射很强的星风，这部分星风物质被中子星引力场捕获而发生吸积。

星风吸积通常发生于包含一颗早型星 (O 型星或者 B 型星) 的双星系统中。由于大质量恒星往往具有较短的寿命，因而 HMXB 往往都非常年轻，此系统的中子星往往具有极强的磁场。吸积物质沿中子星的磁力线下落，X 射线脉冲从强磁中子星的极冠区发射而出，如 Cen X-3，SMC X-1，Vela X-1 都被认为属于此类系统。

早型星的恒星风可以非常强烈，其质量损失率可以达到 $10^{-6} \sim 10^{-5}\ M_\odot \mathrm{yr}^{-1}$，星风速度可以达到：

$$v_w(r) \sim v_{\mathrm{esc}}(R_{\mathrm{E}}) = \left(\frac{2GM_{\mathrm{E}}}{R_{\mathrm{E}}}\right)^{1/2} \tag{5.17}$$

式中，M_{E} 和 R_{E} 分别为早型星的质量和半径；r 为距离这颗早型星质心的距离；v_{esc} 为其表面物质的逃逸速度。对于典型的物质逃逸速度 (km/s)，星风速度可以远远超过声速 (10km/s)。如图 5.3 所示，假定致密星 (这里为中子星) 相对于其伴星的轨道运动速度为 v_n，早型星星风以角度 $\beta \sim \arctan(v_n/v_w)$ 扫过中子星，则星风相对于中子星的速度 v_{rel} 可以表示为

$$v_{\mathrm{rel}} \sim (v_n^2 + v_w^2) \tag{5.18}$$

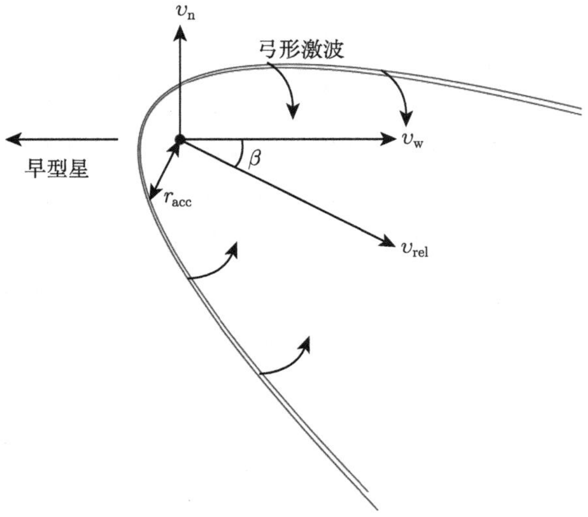

图 5.3　星风吸积的吸积半径和激波

由于星风速度远高于声速，我们可以将星风物质考虑为单个检验粒子而忽略流体压力 (值得注意的是超声速的星风过程中会伴有强大的弓形激波形成)。此时，星风物质中动能小于引力能的物质粒子就会被中子星引力场捕获而最终被中子星吸积得到。因此，被捕获的星风物质集中于一个沿着 v_{rel} 方向的柱形区域内，吸积半径 r_{acc} 可以表示为

$$r_{\mathrm{acc}} \sim \frac{2GM_1}{v_{\mathrm{rel}}^2} \tag{5.19}$$

为简单起见，我们考虑 $v_w \gg v_n$ 情况，即 $\beta=0$，$v_{\rm rel}=v_w$。这时，双星的相对速度 v_n 可以记为

$$v_n = 200\left(\frac{M_{\rm E}}{M_\odot}\right)^{1/3}(1+q)^{1/3}P_{\rm day}^{-1/3}({\rm km/s}) \tag{5.20}$$

式中，$q=M_1/M_{\rm E}$；$P_{\rm day}$ 为双星的轨道周期，单位为天 (d)。这时，能被中子星捕获的星风物质与早型星星风的总物质损失率的关系为

$$\frac{\dot{M}}{-\dot{M}_w} \approx \frac{\pi r_{\rm acc}^2 v_w(a)}{4\pi a^2 v_w(a)} = \frac{G^2 M_n^2}{a^2 v_w^4(a)} \tag{5.21}$$

结合式 (5.17) 可以得到

$$\frac{\dot{M}}{-\dot{M}_w} \approx \frac{1}{4}\left(\frac{M_n}{M_{\rm E}}\right)^2\left(\frac{R_{\rm E}}{a}\right)^2 \tag{5.22}$$

对于典型的 X 射线双星系统的物理参数 (吸积物质占星风损失的 $10^{-4}\sim10^{-3}$)，我们还可以给出星风吸积光度的估计值：

$$L_{\rm acc} \sim 10^{37}\left(\frac{\dot{M}}{-10^{-4}\dot{M}_w}\right)\left(\frac{-\dot{M}_w}{10^{-5}M_\odot{\rm yr}^{-1}}\right)\ ({\rm erg/s}) \tag{5.23}$$

5.1.5 HMXB 与 LMXB 的对比

一般情况下，大部分 X 射线源可以分为两类，它们具有不同的特性，并且在数量上也有极大差距。近 95% 的光度在 $10^{34}\sim10^{38}$erg/s 范围的射线源属于以下两类：HMXB 和 LMXB。HMXB 的性质与麦哲伦 X-3 较为相似，在这样的双星系统中，伴星质量一般大于 $10M_\odot$。在 LMXB 系统中，伴星是质量较低的星体，大概相当于 $3M_\odot$，且诸多情况下，系统中的中子星磁场低于 HMXB 中的中子星磁场。还有一些 X 射线源并不符合以上两种类型的特征，它们是：

(1) 较年轻的超新星遗迹，如蟹状星云和它的脉冲星。

(2) 一些 X 射线黑洞双星，这些双星系统的中子星的特性与 HMXB 和 LMXB 中所包含的中子星的特性相似，见表 5.1。

(3) 一些特殊的 X 射线双星系统，它们的射电辐射相对喷流极强，如 SS433、Cyg X-3，见表 5.2。

表 5.1　X 射线黑洞双星的参数

名字	周期	光谱类型	伴星质量 $M_c/M_\odot$	X 射线源质量 $M_X/M_\odot$
Cygnus X-1	5.6d	O 9.7 Iab	33	16
LMC X-3	1.7d	B 3V	6	9
A0620-00	7.8h	K 5V	0.7	13

表 5.2　特殊的 X 射线双星系统

名字	光谱类型	周期	离银道面的距离
SS433	早期光谱型	13.2d	130pc
Cyg X-3	无	4.8h	银平面

存在于 HMXB 中的中子星的特性如下。

(1) 拥有较硬的 X 射线光谱，能量稍大于 15keV，其相对光谱的硬度可以从 X 射线的颜色来对比。

(2) 有规律的 X 射线脉冲，说明存在着旋转的强磁场中子星，偶极磁场可达到 $10^{11} \sim 10^{13}$Gs。

(3) 存在三颗例外的脉冲星，它们的 X 射线呈现出明亮的光度，这和早期类型的星体相关联，系统的光学光度等于或大于 X 射线光度，显示出规律的 X 射线掩食现象，从而可以推断出系统的轨道周期；从脉冲星的多普勒轨道速度、光学伴星及光度曲线可以得到双星系统中脉冲星及其伴星的质量与伴星的半径。

(4) 当星体质量大于 $10M_\odot$ 时，星体存活年龄将小于 10^7yr，所以 HMXB 中的 X 射线脉冲星属于年轻的星体。这样的星体在银盘 60° 的方向上较为集中，在这个纬度上，视线与星系盘的旋臂接近平行，即帆船星座的旋臂。在这个旋臂上有大量年轻及大质量的 OB 星体聚集，这也就不奇怪为什么我们在这个纬度发现了 HMXB。在银盘上同样有强 X 射线源集中的纬度是 −75°，在这个位置我们的视线与天鹅座的旋臂相平行。

与 HMXB 相对比，LMXB 的特性总结如下。

(1) 软 X 射线光谱，能量低于 10keV。

(2) 规律的 X 射线脉冲缺失。这些源随着时间变化出现不同的形状，我们称为 X 射线暴。

(3) 光学伴星的信号很微弱，光度低于 X 射线光度的 1∼ 4 个量级，这说明如果 X 射线源的伴星是一颗正常质量的伴星，这颗射线源的光度将低于 20 倍的太阳光度，质量小于 $1\sim 2M_{\odot}$。事实上，多数情况下光学光度和 X 射线源的光谱归因于中子星周围吸积盘的辐射。在这些射线源中，伴星的光线运动轨迹是观测不到的，这说明伴星的质量和光度要小于太阳的质量和光度。

(4) LMXB 实际上可以再细分为四类：银盘中心的强 X 射线源、星团中的 X 射线源、X 射线暴源、低质量 X 射线源。由 X 射线暴的性质了解到中子星是吸积体，它的磁场相对较弱，X 射线来自于吸积物质中的热核中子的爆发。

对于中等质量 X 射线双星，目前定义比较模糊，其特征一般介于上述两类双星之间，这里不作详细介绍。规律的 X 射线脉冲源没有热核 X 射线暴，而热核 X 射线暴也不显示规律的脉冲，这说明暴源一般拥有较弱的磁场，偶极磁场强度低于 10^{11}Gs。

5.1.6 HMXB 的产生：密近双星的质量转移

第一颗位于双星系统中的 X 射线源于 1971 年发现，它存在于 HXMB 半人马座 X-3，这个系统包含一颗自旋为 4.84s 的 X 射线脉冲星和质量大于 $16M_{\odot}$ 的伴星，其轨道周期为 2.085d，由双星运动导致的 X 射线掩食周期为 0.5d。而在这之前，英国天文学家 Webster 和 Murdin 在 1971 年发现了一颗确切位置的 X 射线源，它就是天鹅座 X-1，伴星是一颗 O 型巨星 HD226868，围绕一颗不可见星体做周期为 5.6d 的近圆轨道运动。由伴星的轨道速度 72km/s 估算出这颗致密星体的质量大于 $5M_{\odot}$，远远高于中子星质量，所以推断这颗源为黑洞，X 射线是由于黑洞的吸积所产生的。在 1972 年，由于射电望远镜对 X 射线源的精确定位，天鹅座 X-1 被确认，至此我们知道存在于 HMXB 系统的致密星可能是中子星，也可能是黑洞。

事实上，高质量 X 射线双星中的中子星，在经历超新星暴之后系统能够存活是比较惊人的结果。恒星质量越高，存活时间越短，大于 $10M_{\odot}$ 的星体的寿命正比于 $M^{-2.5}$。天鹅座 X-3C 致密星的前身星质量可能大于 $16M_{\odot}$，相对于这个质量，其作为 $1.4M_{\odot}$ 的中子星的残留星体是几乎可以忽略其质量的，这颗源通过超新星爆发产生中子星后，有超过一半的星体质量被炸掉了。但是，如果双星系统的质量损失超过 50%，系统的轨道将发生变化，而原来的双星系统会解体。所以，像天鹅座 X-3C 的前身星双星系统，在经历超新星爆发损失质量后应该无法存活，这样的情况应该适用于所有的 HMXB，但是中子星却可以存活，这样有趣的现象在 1972 年发现了很多的例子。在密近双星的演化过程中，大量的物质由大质量的演化星体转换到小质量的演化星体，由于大质量的演化星体寿命短，所以它首先经历超新星暴，之后这颗星体的残余质量形成了质量更小的星体而存活在双星系统中，系统仍然保持双星状态，但是轨道变大，这样就较好地解释了 HMXB 中子星的形成问题。

5.2　双星中的质量变化对轨道的影响

5.2.1　质量守恒转换

双星轨道的角动量表达式为

$$J_{\rm orb} = \left(\frac{M_1 M_2}{M}\right) \Omega a^2 \sqrt{1-e^2} \tag{5.24}$$

式中，e 为轨道偏心率；M_1 和 M_2 分别为单个星体的质量，M 为双星系统的总质量；Ω 由公式 (5.13) 给出。一般来说，轨道角动量比星体的自转角动量要大，这里我们忽略自转角动量且假设轨道为圆形，则公式 (5.24) 变为

$$J_{\rm orb} = G^{1/2}\left(\frac{M_1 M_2}{M^{1/2}}\right) \cdot a^{1/2} \tag{5.25}$$

如果双星中星体损失的质量全部被另一颗星体获得，则系统的总质量及总角动量 $J_{\rm orb}$ 守恒，所以我们有

$$M_1^2 \cdot M_2^2 = 常数 \tag{5.26}$$

半径 a 随时间的变化率为

$$\frac{\frac{{\rm d}a}{{\rm d}t}}{a} = -\frac{\frac{2{\rm d}M_1}{{\rm d}t}}{M_1} - \frac{\frac{2{\rm d}M_2}{{\rm d}t}}{M_2} \tag{5.27}$$

由于质量守恒，所以 $M_2 = M - M_1$，${\rm d}M_2/{\rm d}t = -{\rm d}M_1/{\rm d}t$，即

$$\frac{\frac{{\rm d}a}{{\rm d}t}}{a} = -\frac{\frac{2{\rm d}M_1}{{\rm d}t}}{M_1} \cdot \left(\frac{1}{M_1} - \frac{1}{M_2}\right) \tag{5.28}$$

若质量为 M_1 的星体，其质量在损失，则 ${\rm d}M_1/{\rm d}t < 0$。由式 (5.28) 可以看到，如果双星系统中质量由大质量星体向小质量星体转换，则 ${\rm d}a/{\rm d}t$ 为负值，所以轨道收缩；若质量由小质量星体向大质量星体转换，则轨道膨胀。

5.2.2 质量损失引起的轨道变化

假设质量逃逸出系统的时间相对于双星系统的轨道周期可以忽略，且质量损失是球对称的，则轨道变化可以通过双星系统质量损失前后的比率 (μ_f) 来表示：

$$\mu_f = \frac{M_1^f + M_2^f}{M_1^0 + M_2^0} \tag{5.29}$$

式中，上角标 0 和 f 分别表示质量损失之前和之后的星体质量。从上式我们有

$$a_f = \frac{\mu_f}{2\mu_f - 1} \tag{5.30}$$

$$e_f = \frac{1 - \mu_f}{\mu_f} \tag{5.31}$$

$$p_f = \frac{\mu_f}{(2\mu_f - 1)^{3/2}} \tag{5.32}$$

式中，a_f 及 p_f 分别为质量损失后系统的轨道半长轴及轨道周期；e_f 为轨道偏心率。

由此可见，在双星系统中，质量的损失对轨道影响很大，当总质量损失达到一半时，系统将会解体。0.5 这个因子是维里定理的直接结果，它表示对于引力系统，当粒子的动能总和是粒子总引力势能总和一半时，$E_{\rm kin} = -0.5E_{\rm pot}$，当系统的质量忽然减少一半，每单位质量的势能将忽然减少超过 2 倍因子的势能，而单位质量的动能保持不变，动能和势能之和将大于 0，这就意味着在双星系统质量损失之后，由于系统总能量为正值，系统将解体。

5.3 高质量 X 射线双星与中子星

5.3.1 三种星体的时标简介

三类时标对于星体的结构及演化非常重要。

(1) 射电力学时标：这是从星体的流体力学平衡出发的误差修正时标，这个时标非常小，表示为

$$t_{\rm dyn} = 50\left(\frac{\rho_\odot}{\rho}\right)^{1/2} \text{min} \tag{5.33}$$

式中，$\rho_\odot$ 和 ρ 分别为太阳和星体的密度；时间以分钟 (min) 为单位。

(2) 热学时标：这是从星体的内部热学平衡出发的误差修正时标，热学平衡是指每秒进入星体内的能量与流出能量相平衡。热学时标也称为开尔文–赫姆霍兹时标 (Kelvin-Helmholtz timescale)，其可以近似表示为

$$t_{\text{therm}} = 3.10^7 (M/M_\odot)^{-2}\text{yr} \tag{5.34}$$

式中，$M_\odot$ 和 M 分别为太阳质量和星体质量，这也表示星体从星际云到内部开始核聚变收缩的时标。在收缩过程中，星体由于引力势能的释放变热，当产生的核能与星体表面的辐射能相平衡时，星体达到热平衡态并且停止收缩。

(3) 核时标：这是表示星体以当前的光度消耗自身核能的时标 (光度与当前星体每秒消耗的核能成正比)。核能与星体质量成正比，且星体光度与其质量的关系为 $M^{3.5}$，从而有

$$t_{\text{nuc}} = 10^{10} (M/M_\odot)^{-2.5}\text{yr} \tag{5.35}$$

这个公式要求星体质量大于等于太阳质量。需要注意的是，这个时标仅适用于氢燃烧阶段，在氦及其他元素的燃烧阶段，每单位质量的物质所产生的能量很少，核时标要比上式短很多，如氦燃烧的大概时标为上式的 10%，其他元素燃烧阶段的时标会更加小。

5.3.2　恒星演化阶段的外层半径变化及三类密近双星的演化

恒星在氢燃烧阶段时间比较长，大概持续约 10^6yr，但是其半径变化却很微小。当氢燃烧殆尽，恒星由于自身引力开始坍缩，引力势能的释放导致内核及周围温度升高，氦核周围的氢被点燃，壳层的燃烧使得星体不断膨胀，而内部的氦核继续坍缩。当氦开始燃烧，星体停止膨胀，达到一种新的热平衡状态，这时星体半径变大，成为红巨星。在核坍缩、星体壳层膨胀阶段，星体处于非热平衡态。在氦燃烧阶段恒星拥有两种能量来源：一种是核内的氦燃烧所产生的热能；另一种是核周围的氢燃烧所产生的热能。这个阶段对于一颗质量为 $5M_\odot$，核时标为 2.5×10^6yr 的恒星来说，其外部半径会发生先收缩再膨胀的过程，当核内的氦耗尽，其碳–氧核周围的壳层开始燃烧。$5M_\odot$ 的恒星半径演化特征适用于小到 $2M_\odot$ 大到至少 $20M_\odot$ 的星体的半径变化，同时也可以用来描述相同质量的双星系统中的星体演化。

在 20 世纪 60 年代，德国两位天文学家基彭哈恩 (Kippenhahn) 和魏格特 (Weigert)，波兰天文学家帕钦斯基 (Paczynski) 及捷克天文学家普拉韦茨 (Plavec)

描述了三种双星演化的基本类型。对于一颗质量为 $5M_\odot$ 的位于密近双星系统的主恒星来说，其演化描述如下：事件 A，发生在氢核燃烧阶段；事件 B，发生在氢燃烧尾声且氦燃烧之前的阶段；事件 C，发生在氦燃烧尾声，星体外部壳层膨胀且已经成为红巨星，三种情况的物质都是通过洛希瓣进行交换的。

事件 B 发生的阶段为轨道半径未演化的双星系统中，这种演化情况是常见的；事件 A 较少见，发生在短周期轨道的双星系统中，但是超大质量的双星系统除外，比如包含质量大于 $30M_\odot$ 的双星系统。

5.3.3　事件 B 的大质量密近双星系统的演化及 HMXB 的形成

根据方程 (5.35)，在密近双星系统中，较大质量的主恒星会首先结束自身的氢燃烧，它将会膨胀且有物质经过洛希瓣流出，而较小质量的恒星还处于氢燃烧阶段。随着主恒星的质量流失，其星体将发生坍缩，但是这个阶段的主恒星处于非热平衡阶段，且在膨胀之后将变为巨星，所以物质将继续通过洛希瓣流失。根据公式 (5.28)，双星系统轨道收缩，洛希瓣收缩，但是此时主恒星仍在膨胀，所以系统处于一种不稳定的状态。只有当主恒星的全部氢消耗掉且只剩下氦核时，系统才会重新稳定。由于主恒星氢层的质量为星体的 $70\% \sim 80\%$，如果在转换中质量守恒，当系统重新稳定后，主恒星将变为比伴星质量更小的星体，而伴星则会成为比原来两颗星体质量都大的新的星体。

下面我们通过描述一套双星系统的演化来具体了解其过程，见图 5.4。这个双星系统包含的星体质量分别为 $20M_\odot$ 和 $8M_\odot$，轨道周期为 4.7d。在 6.17×10^6yr 后，主恒星 ($20M_\odot$) 将耗尽壳内的氢且外壳层已经膨胀，物质经洛希瓣流向伴星。在仅仅 3×10^4yr 时间内，主恒星将 $14.66M_\odot$ 质量的氢转换给伴星，留下 $5.34M_\odot$ 质量的氦核及极少部分的氢壳层。由于我们假设质量守恒，所以伴星的质量将变为 $22.66M_\odot$，轨道周期变为 10.86d。氦星也称为沃尔夫–拉叶型星 (Wolf-Rayet stars)，故这时的双星系统所包含的是 $5.34M_\odot$ 的沃尔夫–拉叶型星和尚未演化的质量为 $22.66M_\odot$ 的 O 型星，这颗 O 型星处于早期的氢核燃烧阶段。大约在 6.9×10^5yr 之后，氦星经历了进一步的核燃烧阶段变为了铁核，并且成为了中子星。假设这颗中子星的质量为 $2M_\odot$，则在超新星暴的过程中有 $3.34M_\odot$ 的质量被炸掉。这个过程使得轨道偏心率增加，轨道周期变为 12.63d。由于超新星暴 (假设质量损失过程为球对称的) 的反弹，伴星被炸远并拥有速度 32km/s。此时的伴星依旧处于早期的氢核燃烧阶段，在经历 3.52×10^6yr 后，其氢耗尽，它变为一颗蓝巨星并伴有较强的星风，系统的中子星将产生吸积并有 X 射线产生，这时系统已经有 10.41×10^6yr 的年龄。X 射线的持续时间较短，可能只有 50000 ~ 100000 年，这期间蓝巨星到达其洛希瓣，物质以较高速率流向中子星，约 $10^{-4}M_{\odot}$/yr，它远远高于爱丁顿极限，但是将以 X 射线的形式消耗掉其能量。所以在 HMXB 中，X 射线阶段持续时间较短，不会超过 10^5yr。

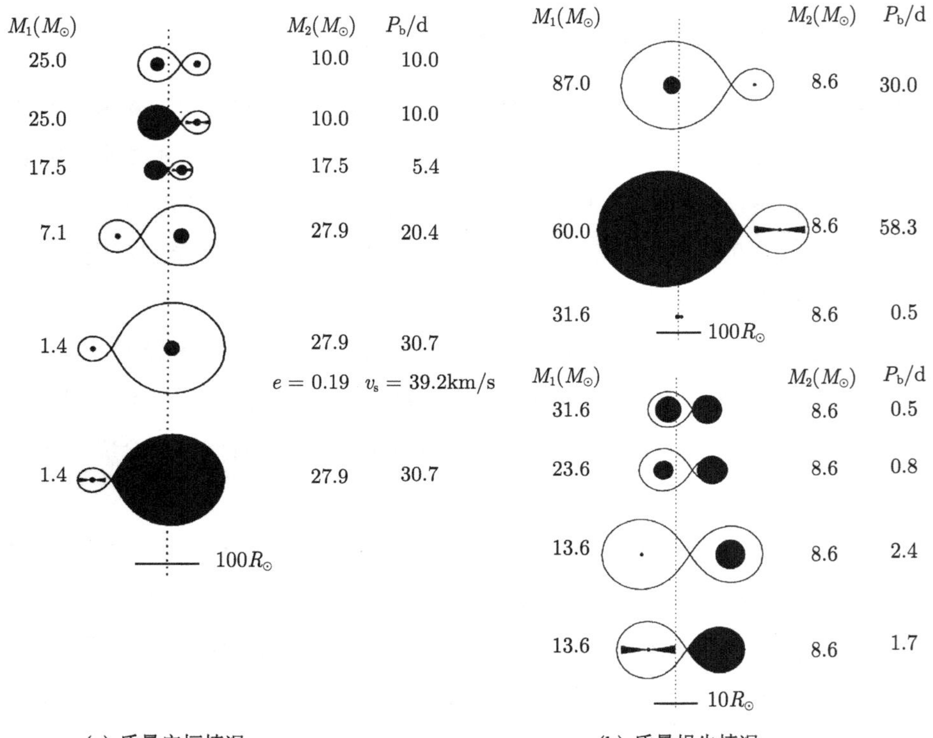

(a) 质量守恒情况 (b) 质量损失情况

图 5.4 HMXB 演化示意图

巴达查利雅 (Bhattacharya) 和霍伊维尔 (Heuvel),1991

5.3.4 HMXB 的最终演化：双中子星或黑洞

双星系统中，通过洛希瓣流向中子星的物质不会被其全部捕获，大部分将被系统驱逐，这些被驱逐的物质携带着大量的角动量从而引起双星系统的轨道收缩。如果系统在大量的质量和角动量流失后仍以密近双星系统状态存在，则其应包含

一颗质量为 $6M_\odot$ 的蓝巨星和一颗中子星，且轨道周期仅为几小时。氦星的半径较小，所以它可以存活于小轨道周期的系统中。当氦星到达自身的生命终点时，它将经历一次超新星爆 (如果爆炸为球对称的，则质量流失会超过 $4M_\odot$)，质量的流失或者将系统瓦解，或者成为一套双中子星双星系统，如存在于高质量 X 射线双星系统的中子星 PSR 1913+16。

现在已经发现的双中子星系统有 17 套，它们大多数的轨道周期较短，其中双射电脉冲星系统 PSR J0737-3039AB 的轨道周期最短，为 2.1h。但是到现在为止还没发现中子星–黑洞或双黑洞系统。不过 LIGO 的引力波探测到了由两颗黑洞合并所产生的引力波信号，它们的质量分别为 $36M_\odot$ 和 $29M_\odot$，这个探测说明在自然界中存在双黑洞系统 (LIGO 引力波探测 GW150914，时间为 2015 年 9 月 14 日，其信号是由两颗黑洞合并所产生的，距离我们 1.3 亿光年)，LIGO 第二次探测到的引力波信号来自于 GW151226。双黑洞系统是由更大质量的前身星演化而来的，一般质量超过 $60\sim80M_\odot$。

5.3.5　双星系统中等演化的区分

在双星系统中，还存在着中等演化的阶段，这个阶段有三种表现形式：第一种是系统中主恒星演化成为沃尔夫–拉叶型星时期，在这个时期，沃尔夫–拉叶型星的光度较高，星风较强，且星体壳层中几乎不存在氢元素，这时的双星系统还包含一颗尚未开始演化的 O 型星作为伴星。第二种是系统中出现一颗年轻的中子星，这颗中子星旋转较快，类似于蟹状星云脉冲星，它辐射大量的高能相对论电子和正电子，即所谓的脉冲星风，蟹状星云脉冲星的星风携带走的能流约为太阳光度的 20 倍，这样的能量损失导致了星体的自旋变慢。脉冲星风的高能相对论电子和正电子产生逆康普顿散射作用，使脉冲星风中的光子变为高能的 γ 射线，这样的阶段持续约 10^5yr，即系统在 10^5yr 时间段中其 O 型星辐射 γ 射线。从观测上，我们也找到了位于密近双星系统中的 O 型星或 B 型星辐射 γ 射线的情况，例如，① O 型星 LS5039，其系统的轨道周期为 3.9d，伴星为一颗低质量不可见星体，轨道偏心率为 0.35；②B 型 LSI $+\,61^\circ$ 303，这颗源同时观测到了 γ 射线和射电信号，其系统的轨道周期为 26.49d，偏心率为 0.54，同时这个系统也是 X 射线双星系统，其 X 射线及 γ 射线产生的原因可能是中子星辐射的相对论粒子与 B 型星的光子的相互作用产生的，而非热射线辐射来自于脉冲星风，这套系统最强的 γ 射线来自于系统的两个星体在运动轨道上最相近的时刻。

第三种系统包含一颗氦星和一颗致密星体，其中氦星的质量超过 $8M_\odot$，是一颗沃尔夫–拉叶型星。至今已知有 4 套 X 射线双星系统包含沃尔夫–拉叶型星和致密星体，这样的系统称为沃尔夫–拉叶 X 射线双星系统。沃尔夫–拉叶 X 射线双星系统的轨道周期非常短：天鹅座 X-3 的周期为 4.8h，NGC 253 星团中 CXOU 004732 系统的周期为 $14 \sim 15$h，NGC 300 星团中 NGC 300 X-1 的周期为 32.8h，IC10 星团中 IC10X-1 的周期为 34.4h。这 4 个系统中可能都存在黑洞星体，后面三个系统中的沃尔夫–拉叶型星的质量在 $20 \sim 40M_\odot$，它们是比较理想的双黑洞系统或黑洞伴中子星双星系统的前身系统。

5.4　LMXB 与毫秒脉冲星

5.4.1　共同包层演化

一般来说，演化发生的条件是两颗恒星之间的质量差异不是很大，质量比 ($q = M_2/M_1$) 尽可能大于 0.4 或者 0.5。这主要是因为伴星物质转化的时间和主星热辐射的时间相差不大，如果这个时间远远长于主星的热学时标，由于吸积时间过长，伴星将会膨胀，部分物质将会流过洛希瓣。堆积一段时间后，喷射出的物质填满洛希瓣，双星系统就形成了它们的共同包层。共同包层的精确演化阶段难以精确计算，由于多种理由，伴星的物质呈螺旋形撞击主星的氦核，比如，①伴星和主星的氦核在共同包层里沿轨道运动时不可避免地发生摩擦；②伴星在共同包层里到达第二 (L_2) 或第三 (L_3) 拉格朗日点时的质量损失，在这些点流出的物质比一般双星的角动量更大，这就导致了一个巨大的质量损失，它同样是造成转换物质快速旋进的原因；③大部分双星系统中的主星，当它的物质溢出洛希瓣时通常是一颗对流包层较深的红巨星。对流层的特点是当其失去质量时在动态时间里不断扩大。因此，只要主星从伴星吸积很小的质量，对流层将迅速扩大到可以完全吞噬伴星，结果形成一个共同包层。流体动力学的计算表明，在共同包层形成之后，伴星物质螺旋的时间很短，大约数千年。在这样一个共同包层阶段，伴星没有足够的时间通过合成增加其质量。如果主星和伴星不合并，结果会演化为氦核和一个低质量的伴星组成短周期的双星系统，在这个过程中发生吸积的质量较小。为了让氦核最终演化为中子星，主星的初始质量必须大于 $8M_{\odot}$。

5.4.2 部分带有低质量伴星的大质量双星形成 LMXB 演化的例子

如双星系统中，初始质量达到 $15M_{\odot}$ 的主星和 $1.6M_{\odot}$ 的伴星围绕一个较大的轨道运动，为了生存于共同包层而不被合并，双星系统的轨道必须较大，周期大于 1 年。这套系统最初的轨道周期是 1500d，形成共同包层后缩短到只有 0.75d。

又如双星系统中，氦星的质量是 $4.86M_{\odot}$，因为星风损失质量约 $0.87M_{\odot}$，最后经历超新星爆发坍缩为中子星。通常情况下，如果球对称超新星炸掉的质量小于双星系统质量的一半，则两颗恒星会收缩在一个轨道偏心率较小的轨道上。超新星爆发后，轨道周期为 2.08d，轨道偏心率为 0.24(轨道偏心率在这里较低的原因是中子星在诞生时认为接收到较大的踢速度，从而减少了最终的轨道偏心率)。此时系统的年龄只有 1.500×10^7yr，潮汐力将起到主导作用，双星系统最后的轨道周期为 1.4d。大约 2×10^9yr 后，$1.6M_{\odot}$ 的伴星开始溢出洛希瓣，其壳层在 4×10^8yr 演化时间里被主星 (中子星) 全部吸积，在如此长的时间里，通过吸积质量，整个系统最终演化为一个毫秒脉冲星和低质量的白矮星。例如，LMXB 的演化产生毫秒射电脉冲双星 PSR 1855+09 系统，它的轨道周期为 12.33d。有关中子星诞生时的踢速度：射电脉冲观测表明，中子星在诞生时通常接收到相当大的踢速度，大约数百千米每秒。这么大的踢速度大概是由于核心崩溃过程中轻微的不对称过程以及随之而来的大规模的质量喷发。这些踢速度将会破坏许多潜在的 LMXB 的原生星系统，但如果传递的方向适当，也可能导致 LMXB 系统的诞生。由于低质量伴星给予主星的推动影响到系统的超新星外壳，与中子星的踢速度相比较，这仅是一个非常小的影响。在 HMXB 中，这种影响效果完全可以忽略不计。一般来说，在一个 LMXB 的超新星爆发后的数十亿年，致密星的伴星开始溢出洛希瓣要么由半径膨胀造成其内部进化，要么由双星系统的轨道收缩引起的角动量损失 (通过伴星星风或引力波损失)。质量传递达到几十亿年的中子星或黑洞的双星系统最终转换为一个 LMXB。X 射线源的 LMXB 演化历史时长大约是 HMXB 的 4000 倍，加之银河系中的 LMXB 和 HMXB 的数量大致相同，这意味着银河系中的 LMXB 的形成率低于 HMXB 约 4000 倍。这说明 LMXB 的形成需要一种非常罕见的致密双星演化。

5.4.3　从 LMXB 过渡到毫秒脉冲星

洛希瓣处的质量转换总是发生在第一拉格朗日点 L_1，L_1 的气流落后于致密恒星的运动轨道。这种滞后的气流在致密星附近形成一个弯曲的轨道，由于碰撞，在致密星周围形成吸积盘 (图 5.1)。带有角动量的吸积盘物质螺旋撞向中子，最终注入中子星加大了它们的自旋速率。随着这种角动量的吸积过程达到数亿年，中子星的自旋可以加速几百赫兹。LMXB 中低质量的伴星最终演化成为一颗白矮星 —— 恒星核心简并烧毁殆尽后的产物。此时物质转换停止，中子星磁场比初始值减少 4 个量级到 $\sim 10^8$Gs, 作为脉冲周期为几百赫兹的射电脉冲星会被观察到 —— 这就是所谓的毫秒脉冲星。这种演化历史解释了为什么大多数白矮星–中子星的双星在自然界中都是毫秒脉冲星。虽然这种演化方案早在 1982 年就被提出来解释毫秒射电脉冲星的存在，但直到 1998 年，美国国家航空航天局 (NASA) 的 Ross-X 射线探测卫星从 LMXB 中观察到第一颗毫秒 X 射线脉冲星后才被证实 (SAX J1808-3654)。目前在 LMXB 中已经观测到了 30 多颗毫秒 X 射线脉冲星，大多数脉冲星的自旋周期小于 10ms。

5.4.4　X 射线双星的形成

范围在 $7 \sim 10M_\odot$ 的大质量恒星和太阳大小的恒星组成的双星系统，共同包层演化的一种可能结果是，氦星的核心不让伴星的核心坍缩，但在第二个物质转换阶段后，由于氦星包层继续膨胀，最后碳燃烧后留下了一个巨大的由氧、氖和镁组成的白矮星。这些白矮星质量约为 $1.2M_\odot$ 或更大。如果质量从共同包层源源不断地转换到恒星，直到恒星的质量超过钱德拉塞卡极限 (约 $1.4M_\odot$)，由于电子捕获氧、钠和镁原子，这将导致这些核转化为中子，最终导致核坍缩形成一颗中子星。所以，当白矮星的低质量伴星经过几十亿年的演化，通过质量转换驱使氧–钠–镁白矮星的质量超过钱德拉塞卡极限时，将产生中子星。这就是所谓的由吸积引发坍缩的中子星的形成过程。流体动力学核坍缩计算表明，与中子星的直接核坍缩形成相反，中子星形成中电子捕获坍缩是一个非常对称的过程，通过这种方式形成的中子星在诞生时几乎没有接近踢速度或者踢速度不高，一般来说, 小于几十千米每秒。这一过程对于年龄约为 11×10^9yr 的球状星团尤其重要。早期许多年轻的氧–钠–镁白矮星可能是由单一的质量范围在 $7 \sim 10M_\odot$ 的恒星形成的。由于它们

的质量约为 $1.2M_{\odot}$，这些白矮星现在演化为大部分大质量的恒星，110 亿年期间，大规模的正常燃烧氢的恒星质量低到 $0.95M_{\odot}$。由于星团中的引力相互作用，大量氧–钠–镁白矮星将下沉到核心密集的中心，通过游离恒星碰撞或三体接触 (3-body encounters)，在那里它们可能获得一个正常的低质量伴星。从伴星吸积的质量可能会驱使白矮星质量超过钱德拉塞卡极限，通过吸积坍缩产生中子星。由于这些中子星在诞生时没有收到一个非常可观的踢速度，所以这个形成过程解释了为什么仍然可以在球状星团中发现中子星, 尽管这些星团的逃逸速度只有几十千米每秒。在以后的演化中，这些 LMXB 演变成毫秒射电脉冲星，这解释了为什么那么多的毫秒脉冲星形成在球状星团里。

5.5 中子星磁场的衰减

中子星磁场的演化衰减与很多因素相关，这里我们简单介绍两种机制导致的磁场衰减：欧姆耗散与吸积所致的磁场衰减。

首先介绍欧姆耗散所导致的磁场衰减。中子星的壳层中存在磁场，而内部却没有，这是因为循环量子的拽曳使中子星的磁场由内部排斥到壳层中，所以当磁场被禁闭在壳层中时会发生欧姆耗散。电导率和相关的欧姆衰减都与温度相关，所以磁场的演化与热反应相关。由于非超导恒星核中的高电导率，磁场不太强的星体 ($B \leqslant 10^{12}$Gs) 的欧姆耗散衰减时间大于宇宙年龄。核内强磁场的衰减会被磁力线周围的电阻率所影响。在壳层处，由于低电导率和欧姆扩散时间尺度较短，欧姆耗散会比核中的进行得慢。而壳层和核中的磁场或是极其相近，或是毫不相干，磁场演化将会被霍尔效应所影响。吸积物质会加热中子星表面，使其温度高于壳层熔点，这样位于星体表面的粒子将处于液态或气态，中子星的固体壳被融化为一个熔融层，厚度大约延伸到中子星壳层密度为 $\rho_m \sim 10^7 \sim 10^8\ \mathrm{g/cm^3}$ 的位置。保留在原来固体壳中的磁场结构的电流所处位置的密度高于 ρ_m，最初，在熔融层被禁闭的磁场衰减时标较短 ($\ll$ 1Myr)，但是所观测中子星的表面磁场衰减时间要长于这个值，因此，电流应该主要集中在密度更高的固体壳中。中子星固体壳中的磁场演化方程与电磁感应一致，表达式为

$$\frac{\partial \vec{B}}{\partial t} = -\frac{c^2}{4\pi}\nabla \times \left(\frac{1}{\sigma} \times \vec{B}\right) + \nabla \times \left(\vec{u} \times \vec{B}\right) \tag{5.36}$$

式中，σ 为电导率；$\vec{u}$ 为热磁漂移速度。吸积导致壳层加热引起电导率的下降，所以欧姆耗散所需的时间尺度减小，磁场衰减将加快。吸积物质不断地落到中子星表面，这将把最初的电流推向星体的高密度区，而高密度区的电导率更高，磁场衰减将变慢。这两个效应将在吸积中子星的固体壳层中互相竞争，最后使得磁场衰减到一个稳定值。

由早期发现的脉冲星数据来看，壳层中欧姆耗散会导致中子星的磁场衰减。但是随后的欧姆耗散研究表明：对于孤立的中子星来说，如果磁场占据了整个壳层，并在长于宇宙年龄的时间范围内保持较高值，磁场将不会出现明显的衰减。如果中子星磁场没有明显的衰减，那些在双星系统中发现的低于 10^{10}Gs 的弱磁场源及毫秒射电脉冲星则需要给出合理的解释。早期的一个关于弱磁场和快速旋转的毫秒脉冲星的模型是：白矮星或大质量的铁核拥有适合的强磁场与角动量，它们经过坍缩形成发出可观测到射电信号的毫秒脉冲星。另一模型是：在低质量 X 射线双星系统中，毫秒脉冲星的前身星是中子星，通过吸积伴星质量，使得磁场衰减及自旋加快。实际上，塔姆 (Taam) 与霍伊维尔 (van den Heuvel) 发现了磁场强度和吸积质量呈现反比例的对应关系，后来对中子星壳层的磁场演化研究表明质量吸积所引起的向内的热通量使得热磁效应提升，从而导致中子星强磁场的变化。早期柴崎 (Shibazaki) 等对多种情况进行了检验，考虑到 γ 射线暴及双星和毫秒脉冲星的自旋周期和磁场，发现只有在中子星经历质量吸积过程时，磁场会产生明显衰减。他们于 1989 年提出一个关于磁场衰减的经验公式：

$$B = \frac{B_0}{1 + \Delta M/m_B} = \frac{B_0}{1 + \dot{M}t/m_B} \tag{5.37}$$

式中，B 为在 t 时刻的磁场强度；ΔM 为吸积质量；m_B 为磁场衰减的质量常数；$\dot{M}$ 为吸积率。方程 (5.37) 是综合观测脉冲星数据给出的经验公式，并不是从其他的理论模型得到的，它描述了双星和毫秒脉冲星的磁场强度与吸积质量的反比例关系，反映的是中子星整个场的变化，而不是仅仅垂直于旋转轴的部分磁场。引用高希 (Ghosh) 与兰姆 (Lamb) 给出的周期变化的公式：

$$\dot{P} = -0.11 I^{-1} (GM)^{3/7} (BR^3)^{2/7} n \dot{M}^{6/7} P^2 \tag{5.38}$$

式中，n 为吸积力矩的维数；R 为星体半径；I 为转动惯量；G 为引力常数。柴崎等在磁场–自旋周期图 5.5 中给出了中子星随着时间演化的路径。在模拟过程中，所设定的中子星演化停止的条件是吸积盘的内部边缘到达中子星表面。当吸积质量常数为 $m_B \geqslant 10^{-3}M_\odot$ 时，演化路径沿着加速线运行，其加速力矩与吸积物质相关。如果 $m_B \geqslant 10^{-4}M_\odot$，所显示的演化路径与当时观测到的双星和毫秒脉冲星的磁场周期相接近，同时还与当时的准周期 X 射线振荡差频模型中得到的双星演化相似。柴崎等给出结论：如果选择 $m_B \sim 10^{-4}M_\odot$，方程 (5.37) 所表述的吸积与磁场衰减理论与观察得到的双星、毫秒脉冲星、射电脉冲星及 X 射线双星的磁场演化相近似。

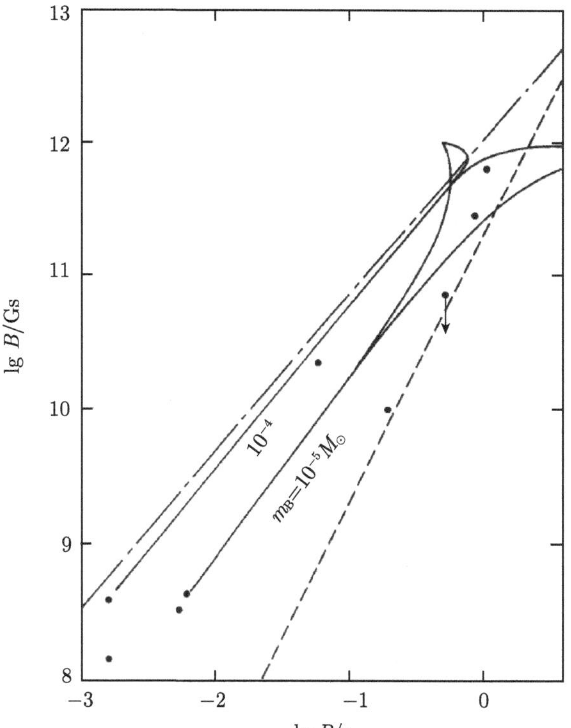

图 5.5 中子星随着时间演化的路径

图中实线代表中子星伴随自旋周期变化的磁场变化，初始磁场和自旋周期分别设置为 $B_0 = 10^{12}\text{Gs}$，$P_0 = 0.5\text{s}$ 或者 100s，吸积率为 $\dot{M} = 10^{18}\text{g/s}$。中子星的质量、半径、转动惯量分别为 $1.4M_\odot$，10^6cm 及 $10^{45}\text{g}\cdot\text{cm}^2$。实线与虚线相交替的线代表加速线，虚线代表死亡线

在柴崎等提出经验公式之后，2005 年，哈洛 (Lovelace) 等提出了吸积所致的抗磁理论，这个理论相对于以爱丁顿吸积率为经典吸积率的中子星演化模型更加

准确。之后，在假设无欧姆耗散且在稳定状态的前提下，佩恩 (Payne) 于同年提出了磁场掩埋机制并进行了分析研究：在中子星表面，磁力线被高度扭曲，由吸积质量相关的磁能方程出发，他们发现磁场衰减与吸积质量呈现反关联关系，当中子星吸积约 $10^{-5}M_{\odot}$ 的质量后，磁偶极有了明显的变化。图 5.6 给出了吸积中子星磁场厚度的几何模型，带有箭头的线表示磁力线，假设在中子星的整个壳层中质量密度是恒定的，磁力线完全或半完全冻结。

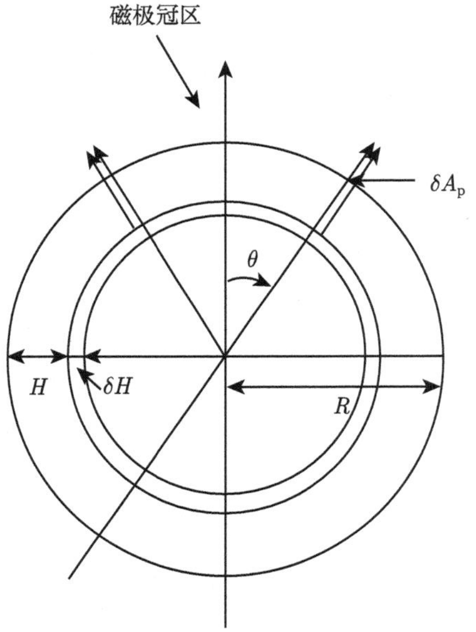

图 5.6　吸积中子星磁场厚度的几何模型

图中 θ 为中子星极冠夹角；R 为半径；H 为壳层厚度；δH 为向中子星内部扩展的深度；$A_{\rm p}$ 与 $\delta A_{\rm p}$ 分别为磁极冠区域与变量区域

在吸积最初，中子星的磁场极强，吸积物质沿着磁力线运送到磁极两端附近，不断累积的物质通过磁极堆积到磁极两端，或者由于等离子体的不稳定性落到中子星的表面。这里我们忽略后一种情况，仅仅考虑物质堆积到磁极两端的情况。在磁力线被冻结的情况下，磁极两端的磁力线总数保持不变，随着吸积物质的增多，磁极两端的面积扩大，磁力线密度不断变小，从而引起了中子星磁场的减小。假设在时间 δt 间隔内中子星的吸积率为 $\dot{M}$，则累积的吸积质量 $\delta M = \dot{M}\delta t$ 将引起中

子星磁冠区域的扩大，由质量守恒得到

$$\left(\frac{\delta M}{2}-\rho A_\rho \delta H\right)\xi=\rho H\delta A_\rho \tag{5.39}$$

式中，A_ρ 为中子星磁极的面积，由方程 (5.42) 定义。引入的参数 $\xi(0\leqslant\xi\leqslant 1)$ 为效率因子，代表由离子束不稳定性所引起的不完全磁力线冻结，其值有两个极端：当取 1 时，代表中子星随着吸积质量运动的磁力线被完全冻结；当取 0 时，代表中子星的磁力线在吸积过程中未受冻结控制。方程 (5.39) 右侧表示吸积质量流向中子星赤道方向，左侧表示吸积质量吸积到磁极上之后渗入到中子星的核内。H 为壳层厚度，$\delta H/H$ 为融入核内的厚度，定义为

$$\frac{\delta H}{H}=\frac{\delta M}{M_{\rm cr}}=\frac{\dot M\delta t}{M_{\rm cr}} \tag{5.40}$$

式中，$M_{\rm cr}=4\pi R^2\rho H$ 为壳层质量。对于标准中子星结构模型，壳层质量仅仅是全部质量的一小部分，这和中子星内部物质的物态方程相关联，所以 $M_{\rm cr}/M\sim 3H/R\sim 10\%$ 是比较适合实际情况。若磁通守恒，不断扩大的磁极区域将使得磁流密度变小，即

$$\delta(BA_\rho)=0,\quad \delta A_\rho=-A_\rho\frac{\delta B}{B} \tag{5.41}$$

磁偶极面积 A_ρ 可以用角度 θ 精确表示，这个角度是离中子星表面最近的一条闭合的磁力线与磁偶极转轴之间的夹角：

$$A_\rho=\int_0^\theta 2\pi R^2\sin\theta{\rm d}\theta=2\pi R^2(1-\cos\theta) \tag{5.42}$$

在星体表面，中子星磁层半径 $R_{\rm M}$ 表达为

$$\sin^2\theta=R/R_{\rm M} \tag{5.43}$$

如果中子星的磁球半径很大，角 θ 会很小，这样就可以得到一个近似 的 $A_\rho=\pi R^2\sin^2\theta=\pi R^3/R_{\rm M}$，并把它作为常量使用。$R_{\rm M}$ 与阿尔文半径相关联：

$$R_{\rm M}=\phi R_{\rm A} \tag{5.44}$$

$$R_{\rm A}=3.2\times 10^8({\rm cm})\dot M_{17}^{-2/7}\mu_{30}^{4/7}m^{-1/7} \tag{5.45}$$

式中，参数 ϕ 的值是模型依赖的，一般情况下取值为 0.5；$m = M/M_{\odot}$ 是以太阳质量为单位的中子星质量；$\dot{M}_{17}$ 与 μ_{30} 分别是以 10^{17}g/s 为单位的吸积率以及以 $10^{30}\mathrm{Gs}\cdot\mathrm{cm}^3$ 为单位的磁通量。将方程 (5.40) 代入方程 (5.39) 后得到

$$(2\pi R^2 - A_\rho)\frac{\xi\delta H}{H\delta t} = \frac{A_\rho}{\delta t} \tag{5.46}$$

结合方程 (5.42)，并做适当变换，我们得到竖直方向与径向方向的磁力线变化比值：

$$\frac{v_\theta}{v_r} = \frac{\xi R\cos\theta}{H\sin\theta} \tag{5.47}$$

其径向速度为 $v_r = \delta H/\delta r = \dot{M}/4\pi R^2$，竖直方向速度为 $v_\theta = R\delta\theta/\delta t$。

磁偶极的密度变化率平行于在竖直方向上接近半径 $R\sin\theta$ 处的偶极磁场的值：

$$\varPhi_{\mathrm{in}} = 2\pi RB\sin\theta v_\theta \tag{5.48}$$

式中，$\dot{\varPhi} = \mathrm{d}\varPhi_{\mathrm{in}}/\mathrm{d}t$，径向方向进入壳层的轨道磁流比率是

$$\dot{\varPhi}_{\mathrm{out}} = 2\pi Bv_{\mathrm{ro}} \tag{5.49}$$

式中，$\dot{\varPhi}_{\mathrm{out}} = \mathrm{d}\varPhi_{\mathrm{out}}/\mathrm{d}t$，$v_{\mathrm{ro}} = \dot{M}/4\pi R^2\rho_0$；$\rho_0$ 为在吸积物质的压力可以控制磁场压力的那一点的特征质量密度。若在壳层中把中子看为非相对论的，则物质压强表示为 $p_{\mathrm{M}} = k\rho^{5/3}$，其中 $k = 5.38\times10^9$ 是以 cgs 为单位的。磁场压强 p_B 在计算中取吸积阶段的最大压强 $B_{\mathrm{eqmax}} \sim 10^{15}$，超过这个最大值，磁能将在强磁场所引起的磁层破裂时以软 γ 射线暴的形式释放。这样，我们可以得到

$$\frac{B_{\mathrm{eqmax}}^2}{8\pi} = k\rho_0^{5/3} \tag{5.50}$$

或者写为

$$\rho_0 = 10^{11}(\mathrm{g/cm}^3)\left(\frac{B_{\mathrm{eqmax}}}{10^{15}}\right)^{6/5} \tag{5.51}$$

结合方程 (5.47)，得到在偶极区域与在轨道的流密度之比为

$$\frac{\dot{\Phi}_{\rm in}}{\Phi_{\rm out}} = \frac{v\sin\theta}{v_{\rm ro}} = \frac{\xi R\rho_0\cos\theta}{H\rho} \sim 0.01\xi\cos\theta\left(\frac{B_{\rm eqmax}}{10^{15}}\right)^{6/5} < 1 \tag{5.52}$$

从方程中可以发现对一些参数进行径向设定后，这个比值小于 1，这意味着平行于赤道区域的磁场流比在径向方向压入壳层里的磁场流要小。这样，我们得出结论：在磁层与吸积盘边缘的磁场强度是由磁偶极区域发射出的磁力线所主导的，或者说在吸积阶段磁层半径 $R_{\rm M}$ 处的磁场由偶极磁场主导。磁力线的运动导致了磁动量的有效减小，吸积物质首先从竖直方向由磁偶极区域拖拽到赤道区域，然后从径向方向被挤压到壳层内部。从物理图像来分析，在磁偶极区开发的磁力线将受到垂直流密度的影响，但是径向方向对其影响却很小，而那些在赤道区域闭合的磁力线受到径向方向的影响较大。如果只存在径向流密度，而没有竖直方向的影响，当磁层到达中子星表面时，偶极磁场将没有多大的变化。这样，在吸积过程中，偶极磁场及新的磁层半径是由衰减的偶极磁场强度决定的，也可以这样说，方程 (5.42) 与方程 (5.45) 在考虑到偶极磁场 (方程 (5.41)) 时是一致的。

把方程 (5.40)~(5.42) 代入方程 (5.39)，可以得到磁场演化方程如下：

$$\frac{A_\rho\delta B}{(2\pi R^2 - A_\rho)B} = -\frac{\xi\dot{M}\delta t}{M_{\rm cr}} \tag{5.53}$$

或者

$$\frac{(\sqrt{R_{\rm M}} - \sqrt{R_{\rm M} - R}\delta B)}{\sqrt{R_{\rm M} - R}B} = -\frac{\xi\dot{M}\delta t}{M_{\rm cr}} \tag{5.54}$$

选择初始条件 $B(t=0) = B_0$，解上面两个方程得到

$$B = \left[\frac{B_f}{1 - [C/\exp(y) - 1]^2}\right]^{7/4} \tag{5.55}$$

式中，$y = 2\xi\Delta M/7M_{\rm cr}$，$\Delta M = \dot{M}t$，$C = 1 + \sqrt{1 - x_0^2} \sim 2$，以及 $x_0^2 = (B_f/B_0)^{4/7} = R/R_{M_0}$；$R_0$ 为初始时刻的磁层半径；B_f 为中子星的低磁场，定义为当中子星的磁层半径等于星体半径时 $(R_{\rm M}(B_f) = R)$ 的磁场值，由此给出：

$$B_f = 1.32\times 10^8({\rm Gs})\left(\frac{\dot{M}}{\dot{M}_{\rm Edd}}\right)^{1/2} m^{1/4}R_6^{-5/4}\phi^{-7/4} \tag{5.56}$$

公式 (5.55) 成为中子星偶极磁层的演化公式。

5.5.1 磁场–自旋周期图中脉冲星双星的分布

脉冲星双星系统是指中子星与伴星沿着各自轨道并与对方互相缠绕运动的系统，其伴星可以是大质量恒星、中子星或者白矮星，目前已经发现存在于双星系统中的射电脉冲星有 280 多颗，且数目随着全球望远镜设备性能的提升在不断增多。磁场自旋周期图 5.7 中标出了脉冲星双星的分布，可以发现，它们多数是较年老的毫秒脉冲星。

在中子星双星系统中，首先发现的是 X 射线双星系统，它们是天空中最亮的 X 射线源，于 19 世纪 70 年代被首次发现。通过对它们的研究，我们可以得到脉冲星的基本轮廓，如脉冲周期、轨道参数等。根据 ATNF 所提供的数据，发现存在于双星系统中的脉冲星磁场普遍较低，自旋周期较短，图 5.7 给出了脉冲星双星系统中脉冲星的磁场和自旋周期的分布直方图，其中磁场的平均值在 $\sim 10^{8.5}$Gs，自旋周期的平均值约在 50ms。

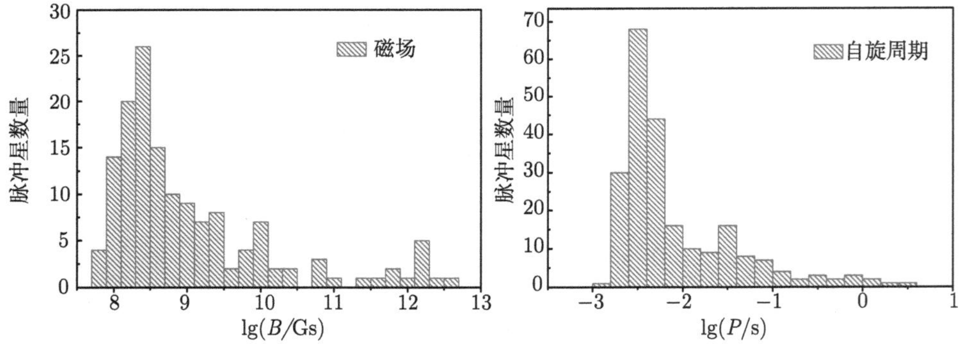

图 5.7 脉冲星双星系统中脉冲星的磁场和自旋周期分布图

由双星系统参数，如从伴星质量、偏心率及轨道周期入手，我们可以进行脉冲星双星演化的研究。但是，在星团中，星体的密度远远大于星盘的密度，这会增加星团中星体之间互相碰撞和捕获的概率，从而增加脉冲星双星形成的概率。但是高密度会为判断脉冲星双星系统的参数带来困难，加大了理解星团中脉冲星演化的难度。这里不考虑存在于星团中的脉冲星双星，在磁场自旋周期 (B-P) 图中，只对存在于星盘中的脉冲星双星的相关特征参数进行研究。

5.5.2 脉冲星双星的不同参数

如图 5.8(a) 所示，伴星是小质量 ($M_c < 0.1M_\odot$) 或是中等质量 ($0.1M_\odot < M_c < 0.45M_\odot$) 的脉冲星双星占所有双星比例的 12.6% 和 61.2%。在图 5.8(b) 中，双星系统的低偏心率 ($e < 0.1$)、中等偏心率 ($0.1 < e < 0.5$) 和高偏心率 ($e > 0.5$) 所占比率分别为 85%、6.9% 和 8.0%，可以看到低偏心率的系统占了绝大部分。由此推知，双星系统的偏心率很可能随着中子星的演化逐渐减小。在图 5.8(c) 中，对于轨道周期大于 100d 的脉冲星双星，其相应的自旋周期较小，大体分布在 30ms ~ 1s。

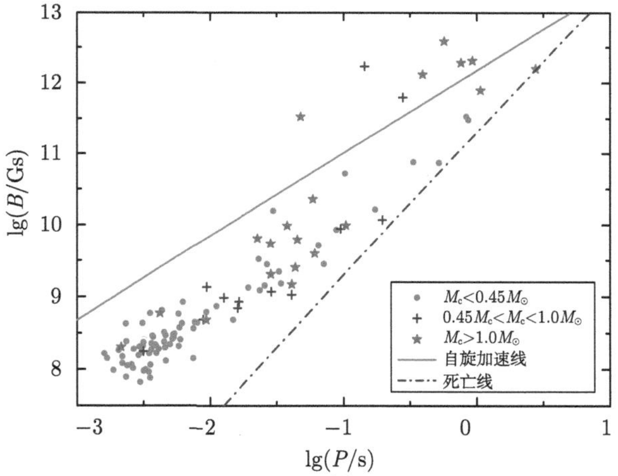

(a)

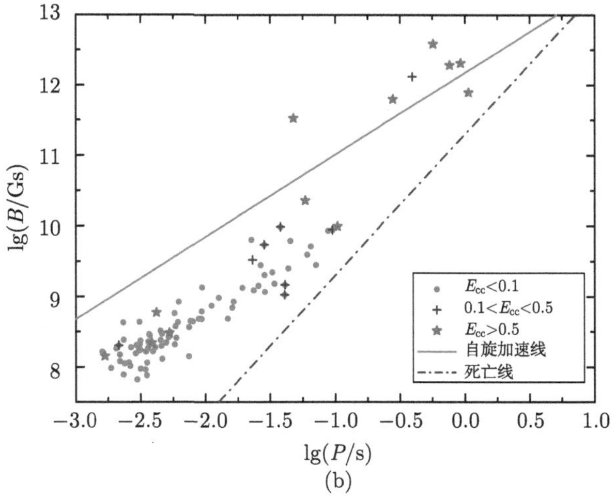

(b)

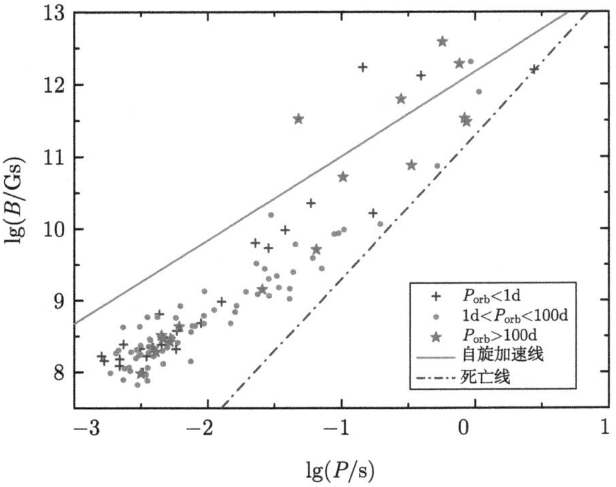

(c)

图 5.8　按照双星系统不同参数对脉冲星双星的划分

5.5.3　双星系统中脉冲星的演化图像

双星系统的脉冲星演化存在很多模型，在演化过程中，伴星质量发挥着极其重要的作用。一颗拥有 $8M_{\odot}$ 以上的恒星首先经过超新星暴，形成一颗新生中子星，其拥有超强磁场 $\sim 10^{12} \sim 10^{13}$Gs 及较短自旋周期 > 10ms，如蟹状星云中脉冲星的磁场为 $B \sim 10^{12}$Gs，自旋周期为 ~ 30ms。在 B-P 图中，我们用 A_0 来表示这样的新生脉冲星的大致位置 (图 5.9)。随着磁偶极电磁辐射带走的能量，中子星的自旋将会变慢，但是磁场不会衰减太多，它在 B-P 图中的位置会由 A_0 变化至 A_1，这样的过程持续时间为 $10^6 \sim 10^7$yr。

在双星系统中，中子星的加速和磁场衰减与伴星所提供的吸积质量相关，而提供吸积质量的多少又与伴星存活的时间长短相关，星体的存活时间和自身质量呈现反比例关系，这里我们用公式 $T \sim 10^{10}(\mathrm{yr})(M_{\mathrm{s}}/M_{\odot})^{-2.5}$ 来表示星体的存活时间，M_{s} 是星体的质量，可以看到：伴星质量越大，其存活时间越短。为了便于研究脉冲星双星的演化，我们按照伴星质量的大小，把双星系统分为以下三种类型。

(1) HMXB：伴星质量在 $10 \sim 15M_{\odot}$，存活时间较短，中子星将得到伴星的吸积质量为 $0.0001 \sim 0.001M_{\odot}$，双星系统将演化成脉冲星伴中子星的双中子星系统 (PSR+NS)，在图 5.9 中对应的演化路线是 $A_1 - A_2$ 或 $A_1 - A_2 - A_3$，演化路径将在接近加速线处停止。

(2) IMXB：伴星质量范围在 $3 \sim 10M_\odot$，可以提供的吸积质量为 $\sim 0.001 \sim 0.1M_\odot$，中子星的自旋加速演化在图 5.9 中将沿着高质量 X 射线双星的演化路径继续进行，沿着加速线 $A_1 - A_2 - A_3$，甚至到达 A_4 的位置，从而形成中子星伴较重白矮星的双星系统，此时的中子星磁场将到达 $B \sim 10^9 \sim 10^{10}$Gs，而自旋周期加速到 $P \sim 20 \sim 100$ms。

(3) LMXB：若伴星质量在 $0.8 \sim 3M_\odot$，中子星将演化到图 5.9 中的 A_4 位置。在这期间，中子星将吸积到 $0.1 \sim 0.2M_\odot$ 质量，其磁场会衰减到 $10^8 \sim 10^9$Gs，自旋周期加速到 20ms 以下，吸积演化结束后形成毫秒脉冲星伴白矮星的双星系统。

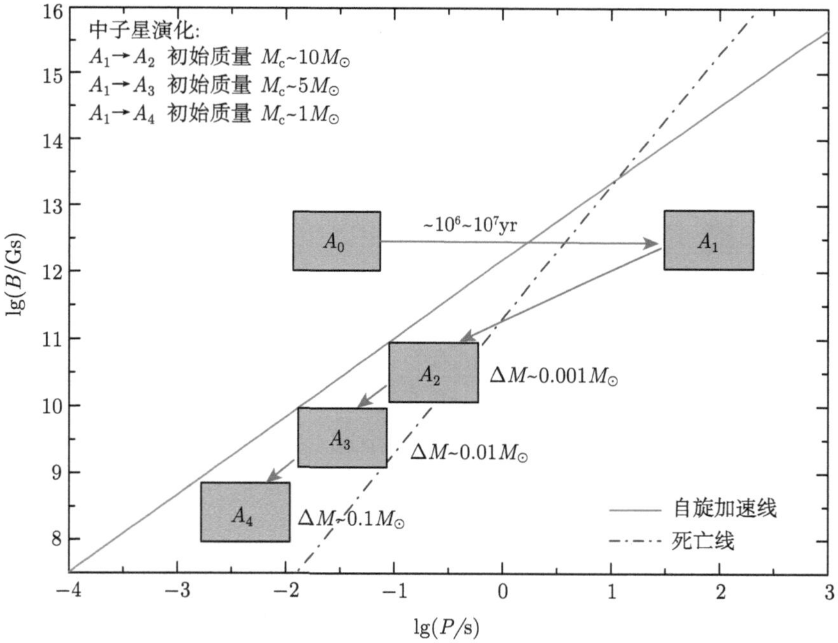

图 5.9 脉冲星双星的演化路径

由这三种脉冲星双星的演化路径可以看到，伴星质量和吸积率在双星系统的演化过程中扮演着重要的角色。

5.6 加速线上方的脉冲星双星

一般来说，双星中的脉冲星经过吸积足够的伴星质量会演化到以爱丁顿吸积率为基准的加速线下方，不过，在对选自 ATNF 的脉冲星双星数据进行统计时，我们发现有 8 颗脉冲星位于加速线上方，它们的磁场都在 10^{11} Gs 以上，在 B-P 图 5.10 中，我们给出了它们的分布，并在表 5.3 中列出了这 8 颗脉冲星双星的相关参数。依据它们的伴星质量，这 8 颗脉冲星可以被分为两组：拥有大质量伴星 ($M_c > 4.0\ M_\odot$) 的脉冲星及其他演化的伴星 (中子星或白矮星)。

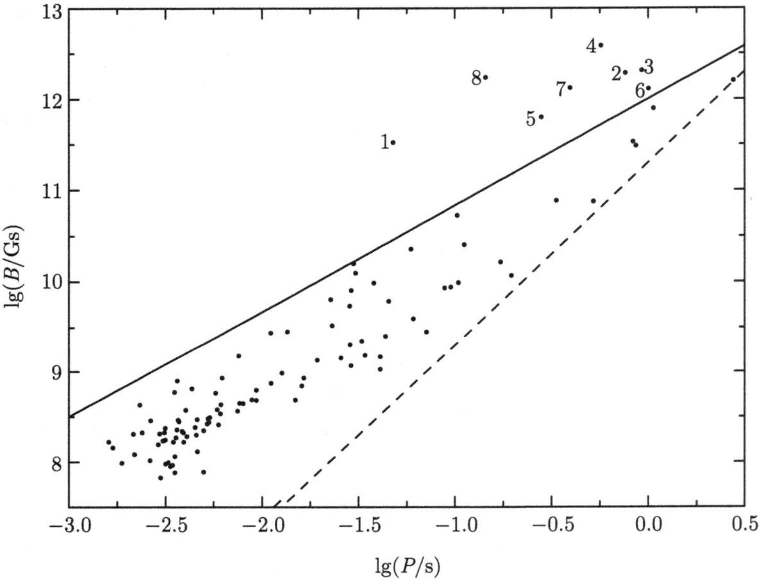

图 5.10　B-P 图

图中实线是加速线，虚线是死亡线，在 B-P 图中所显示的脉冲星双星中，有 8 颗脉冲星位于加速线上方，我们对它们分别做出了标记

表 5.3　位于加速线上方的 8 颗脉冲星双星及相应参数

编号	名字	自旋周期 $P_{\rm spin}$/ms	双星类型	轨道周期 $P_{\rm ord}$/d	吸积率 $E_{\rm cc}$	伴星质量 $M_c/M_\odot$	特征年龄 /yr	磁场强度 B/Gs
1	B1259-63	47.763	MSS	1236.724	0.8699	4.14	3.32×10^5	3.34×10^{11}
2	J1638-4725	763.933	MSS	1940.9	0.955	8.08	2.53×10^6	1.93×10^{12}
3	J0045-7319	926.276	BT	51.1695	0.8079	5.27	3.29×10^6	2.06×10^{12}
4	J1740-3052	570.31	MSS	231.0297	0.5789	15.82	3.54×10^5	3.86×10^{12}
5	B1820-11	279.829	BT	357.762	0.7946	0.78	3.22×10^6	6.29×10^{11}
6	B1718-19	1004.037	ELL1	0.2583	0.0064	0.13	9.80×10^6	1.29×10^{12}
7	J1141-6545	393.899	DDGR	0.1977	0.1719	1.21	1.45×10^6	1.32×10^{12}
8	J1906+0746	144.072	BT	0.166	0.0853	0.98	1.13×10^5	1.73×10^{12}

5.6.1 第一组：拥有大质量伴星的脉冲星

这一组包含四颗脉冲星双星，其中三颗 (编号 1，3，4) 的伴星是 B 星或 Be 星。B1259-63(编号 1) 是 X 射线脉冲星伴有一颗 Be 星，其轨道周期很长 ($P_{\rm orb} = 1236.724$d)，偏心率较高 ($e = 0.8699$)，根据这些参数，可以推断在这样的双星系统中，伴星经过轨道的近星点时中子星能够得到较多的吸积质量。它的特征年龄是 $\varGamma = 3.32 \times 10^5$yr，说明这是一颗诞生不久的较年轻的脉冲星。这套双星系统随着演化时间的推移，最后可能形成再生脉冲星伴随一颗低质量中子星的双星系统。

J1638-4725(编号 2) 是一颗存在于星团中的脉冲星双星。星团中的脉冲星的演化一般来说比较复杂，到目前为止也没有较确切的理论描述。由表 5.3 给出的数据可以看到，J1638-4725 有较长的自旋周期，轨道周期和偏心率都极高，星团中形成这样的脉冲星双星系统可能是中子星通过捕获得到的大质量星体所形成的。由于其轨道周期极长 (1940.9d)，所以在一定时间内将无法得到大量的伴星物质。系统的特征年龄在 2.53×10^6yr，伴星随着演化年龄的增加会发生膨胀并向中子星提供物质，但星团中的星体密度很高，我们不可预知在演化的过程中会发生什么其他的变化。如果按照正常的演化过程，最后这套系统会成为再生脉冲星伴中子星的双星系统，但这只是一种在极理想情况下的推测。

J0045-7319(编号 3) 是一颗射电脉冲星，它的伴星是 B 型星体。由于脉冲星的特征年龄是 3.29×10^6yr，伴星将会在不久之后膨胀到足够大使得自身的物质被脉冲星吸积，但是系统的高偏心率 ($e = 0.8079$) 使得这颗脉冲星不易得到伴星物质，从而不能快速进行演化。在演化终了，这套系统很可能成为一颗再生脉冲星伴有一颗常规中子星的双星系统。

J1740-3052(编号 4) 的特征年龄很小，我们推断它是一颗新生的脉冲星，由于其伴星质量很高 (达到了 $15.82M_\odot$)，所以这套双星系统最后很可能会形成双中子星双星系统。

综上，这四颗脉冲星双星的共同特点是：它们都有很高的偏心率，较长的轨道周期，以及处于主序星阶段的大质量伴星。一般情况下，新诞生脉冲星的年龄会小于 10^6yr，所以这四颗脉冲星处在非吸积阶段，在演化图 5.9 中所处的位置是 $A_0 - A_1$，在这个过程中脉冲星由磁偶极辐射导致自身自旋减慢，由于得到的吸积物质很少，所以磁场衰减并不明显。

5.6.2　第二组: 脉冲星的伴星是已演化的星体

本组的四颗脉冲星的伴星质量都在 $1.4M_\odot$ 以下，B1820-11(编号 5) 的伴星是一颗较重的白矮星 ($M_c = 0.78M_\odot$)，由它的相关参数 $\Gamma = 3.22\text{Myr}$，$B = 6.29 \times 10^{11}\text{Gs}$，$P = 279.829\text{ms}$，我们推断这是一颗较年轻的再循环脉冲星，其演化路径可能为：初始的脉冲星磁场可能会高达 10^{13}Gs，在得到伴星质量约 $0.001M_\odot$ 之后，其演化路径在 B-P 周期图中表达为 $A_1 - A_2$，经过演化的中子星磁场将会衰减 $2 \sim 3$ 个量级，变为 $10^{10} \sim 10^{11}\text{Gs}$。由于这套双星系统的高偏心率和较大的轨道半径，B1820-11 很难从伴星得到足够的吸积质量。在加速线方程 (5.4) 中，我们假设中子星的自旋轴与磁场轴是互相平行的，而方程 (5.64) 又假设中子星的自旋轴与磁场轴是互相垂直的，这样的两种假设会给加速线的位置造成一定程度上的不确定性，因为实际上我们并不知道自旋轴与磁场轴夹角的真实值。所以在图 5.10 中，此时 B1820-11 的位置已经非常接近加速线，如果加上角度的不确定性对加速线的影响，那么这颗脉冲星就极有可能分布在加速线下方。

J1718-19(编号 6) 是一颗光学可见的脉冲星，它存在于星团中。相对于编号 5，它的位置更加接近加速线，由于它较大的轨道周期 ($P_{\text{orb}} = 0.2583\text{d}$) 及较低的偏心率 ($e = 0.0064$)，我们猜测在未来的演化过程中，且在理想情况下，若不受其他星体的干扰和影响，它会比 J0045-7319(编号 3) 花费更少的时间到达加速线。

J1141-6545(编号 7) 是一颗质量为 $1.21M_\odot$ 的脉冲星，它的伴星是一颗较重 ($\sim 1.02M_\odot$) 且光学可见的白矮星。这个系统的轨道周期很短 ($P_{\text{orb}} = 0.1977\text{d}$)，偏心率很小 ($e = 0.1719$)，所以我们推断在这个系统中，中子星能够很容易地吸积到伴星质量，从而进行再循环过程。它位于加速线上方的原因有两个可能性：一种解释是它的演化与 B1820-11(编号 5) 类似；另一种解释是白矮星吸积所引起的坍缩而形成的脉冲星。

J1906+0746(编号 8) 所处双星系统的轨道周期是这 8 颗脉冲星双星系统最小的，并且拥有较低的偏心率，由其较短的特征年龄及较强的磁场，我们推测它是一颗较年轻的脉冲星，且它的前身星可能是一颗磁星。

我们还应该注意到，在 B-P 图中，以爱丁顿为吸积率的加速线的位置也会受到吸积盘的自旋力矩和辐射压的影响，所以那些距离加速线非常近的脉冲星双星也有可能在加速线进行修正后，回落到加速线下方。

5.7 毫秒脉冲星的 B-P 特性

前面章节中我们简单介绍过毫秒脉冲星 (MSP)，这一章节将从其最小自旋周期及其与吸积质量的关系、形成毫秒脉冲星所需的最小吸积率等方面详细介绍其形成过程。其是自旋周期一般小于 20ms 的中子星，它们是在双星系统中生成的。在双星系统中，若中子星伴有一颗小质量星体，例如，伴星质量小于 $1M_\odot$，则能够存活较长时间。伴星在演化后期膨胀充满洛希瓣，吸积物质通过拉格朗日势能平衡点被吸积到脉冲星附近形成吸积盘后，沿着磁力线流到脉冲星的磁极两端。小质量的伴星可以存活足够长时间，为中子星提供足够的吸积质量使其自旋周期加速到毫秒量级 (~ 20ms)，形成毫秒脉冲星。毫秒脉冲星一般存在于 LMXB 及 IMXB 中。克鲁兹尼亚克 (Kluzniak) 和拉帕波特 (Pappaport) 建立了吸积盘的磁力矩与脉冲星相耦合的模型。格尔 (Bejger) 等以此模型为基础提出了吸积中子星是在较薄的吸积盘中得到吸积物质进行加速的理论。

5.7.1 MSP 最小自旋周期与吸积质量的关系

这里我们将中子星的磁场和自旋周期关系写为

$$P = 0.81(\mathrm{ms}) \cdot \frac{\left(\dfrac{B}{B_f}\right)^{2/7}}{1 - \left(\dfrac{B}{B_0}\right)^{2/7}} \left(\frac{0.2M_\odot}{M_{\mathrm{cr}}}\right) m^{1/2} R_6^{3/2} \tag{5.57}$$

由方程 (5.57) 的磁场和自旋周期关系，我们可以推知在 LMXB 中，当磁场到达中子星的表面时，中子星磁场将达到自身的最小磁场即底磁场，也就是说当 $X \to 1(B \to B_f = B_{\min})$ 时，就可以得到中子星的最小自旋周期。对于小值 X_0，中子星的最小自旋周期即最大自旋频率为

$$P_{\min} = 0.81(\mathrm{ms}) \cdot m^{1/2} R_6^{3/2} \tag{5.58}$$

由此方程可以看到，与底磁场依赖关系不同的是中子星的自旋周期不依赖于吸积率。若给定中子星的磁场与半径，我们可以得到相应的最小自旋周期，如假设中子星的质量为 $\sim 1.6M_\odot$，半径为 1.3×10^6cm，其最小自旋周期为 ~ 1.6ms；又如若中子星的质量为 $\sim 1.4M_\odot$，半径为 1.3×10^6cm，其相应的最小自旋周期为 1.76ms，

这个值接近所观测到的旋转最快的射电脉冲星 PSR J1748-2446ad，其自旋频率是 716Hz，自旋周期为 1.39ms。基于中子星的最小自旋周期，我们由方程 (5.58) 推知其半径范围是

$$R_6 = \left[\frac{P_{\min}}{0.81(\text{ms})}\right]^{2/3} m^{-1/3} \tag{5.59}$$

应用此方程可以对毫秒脉冲星的半径进行估算。当中子星的磁场远远小于其初始磁场时，即 $(B/B_0)^{2/7} \ll 1$，方程 (5.57) 可以简化为

$$P = P_{\min} \cdot \left(\frac{B}{B_f}\right)^{2/7} \tag{5.60}$$

式中，$(B/B_f)^{2/7}$ 可以由磁场演化方程的一阶近似得到，具体步骤如下：

$$\left(\frac{B}{B_f}\right)^{2/7} = \frac{1}{\left\{1-\left[\dfrac{C}{\exp(y)-1}\right]^2\right\}^{1/2}} = \frac{\exp(y)}{2(\exp(y)-1)^{1/2}} \simeq \frac{1}{2y^{1/2}} \tag{5.61}$$

在运算中假设 $y = 2\Delta M/7M_{\text{cr}} \ll 1$，这样方程 (5.60) 可以重新写为自旋周期与吸积质量的关系：

$$P = \frac{1}{2} \cdot \frac{1+2\dfrac{\Delta M}{7M_{\text{cr}}}}{\left(2\dfrac{\Delta M}{7M_{\text{cr}}}\right)^{1/2}} P_{\min} \simeq P_{\min} \cdot \left(\frac{2\Delta M}{7M_{\text{cr}}}\right)^{-1/2} \tag{5.62}$$

根据方程 (5.62)，我们给出了中子星的自旋周期与吸积质量的图像 (图 5.11)：可以看到随着吸积质量的增加，中子星的自旋周期在不断地减小。如图所示，线 1 表示的是当 $m = 1.6M_\odot$，$R = 1.5 \times 10^6$cm 时中子星的吸积质量与自旋周期的关系，线 2 表示的是 $m = 1.4M_\odot$，$R = 1.0 \times 10^6$cm 时中子星的吸积质量和自旋周期关系。由于我们的假设条件是演化后的中子星的磁场远远小于其初始时刻的磁场，所以图 5.11 是不能够反映拥有较小吸积质量 ($\sim 0.0001M_\odot$) 与长周期 (P 约 $1 \sim 1000$s) 的中子星的吸积质量和周期的对应关系，即此图仅反映当中子星吸积足够多的质量 (如约大于 $0.0001M_\odot$) 使得磁场产生较大量级变化，或者演化到毫秒量级的中子星的吸积质量与自旋周期的对应关系曲线。由图中可以看到中子星在吸积质量大于约 $0.2M_\odot$ 后达到其最小自旋周期。

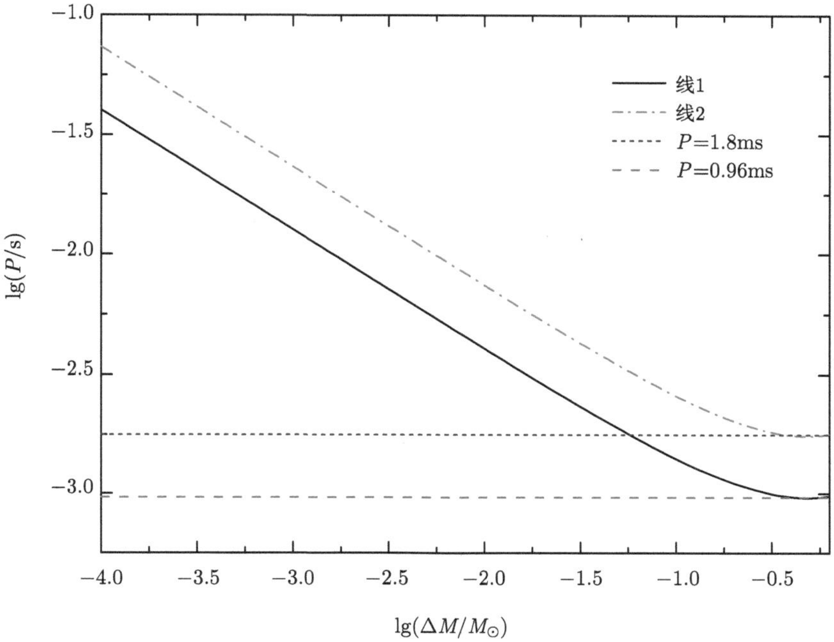

图 5.11 依据方程 (5.62) 给出的自旋周期与吸积质量的关系

线 1(2) 两条线设定相应中子星的质量和半径分别为 $m = 1.6M_{\odot}(1.4M_{\odot})$，$R_6 = 1.5\times10^6$cm $(1\times10^6$cm)，在吸积约 $0.2M_{\odot}$ 质量后，分别到达最小自旋周期 ~ 1.9ms 与 ~ 1s

5.7.2 形成毫秒脉冲星所需的最小吸积率

通过估算得到中子星的偶极磁场强度与自旋周期及周期导数的关系为

$$B=\left(\frac{3c^3IP\dot{P}}{8\pi^2R^6}\right)^{\frac{1}{2}}=3.2\times10^{19}\left(\frac{I}{10^{45}\mathrm{g\cdot cm^2}}\right)^{\frac{1}{2}}R_6^{-3}(P\dot{P})^{\frac{1}{2}} \tag{5.63}$$

式中，$I=(2/5)MR^2$ 为脉冲星转动惯量；R 为脉冲星半径。可以看到，中子星的磁场与其质量和半径的选择相关。为了便于估算磁场，我们重写方程 (5.63) 为

$$B=3.4\times10^{19}\left(\frac{M}{1.4M_{\odot}}\right)^{\frac{1}{2}}R_6^{-2}(P\dot{P})^{\frac{1}{2}} \tag{5.64}$$

由公式 (5.1)，式 (5.63) 及式 (5.64) 可以看出：在 B-P (图 5.12) 图中，加速线的位置会受到中子星的质量 (M)、半径 (R) 和吸积率 ($\dot{M}$) 的影响，质量和半径也会影响中子星的偶极磁场强度。在对中子星的磁场进行估算时，质量和半径通常取标准值：$M=1.4M_{\odot}$，$R=10^6$cm。不过，从已经测得的数据可以看到中子星的质量

是在标准值附近浮动的，例如，61 颗脉冲星双星的质量平均值为 $(1.46 \pm 0.30)\dot{M}$。另外，中子星半径的估算范围在 $10 \sim 20$km，它不像质量一样可以进行相对较精确的估算。我们还可以看到，加速线方程 (5.4) 与磁场方程 (5.64) 和半径的对应关系分别是：$B \propto R^{-3}$，$B \propto R^{-2}$。如果中子星半径由 10km 变换到 20km，B-P 图中对应的加速线相对于 $\lg(B)$ 坐标轴将下移约 $\lg(8) = 0.9$，则脉冲星位置会相应下移 $\sim \lg(4) = 0.6$，B-P 图中加速线对于脉冲星位置会相对下移约 0.3。

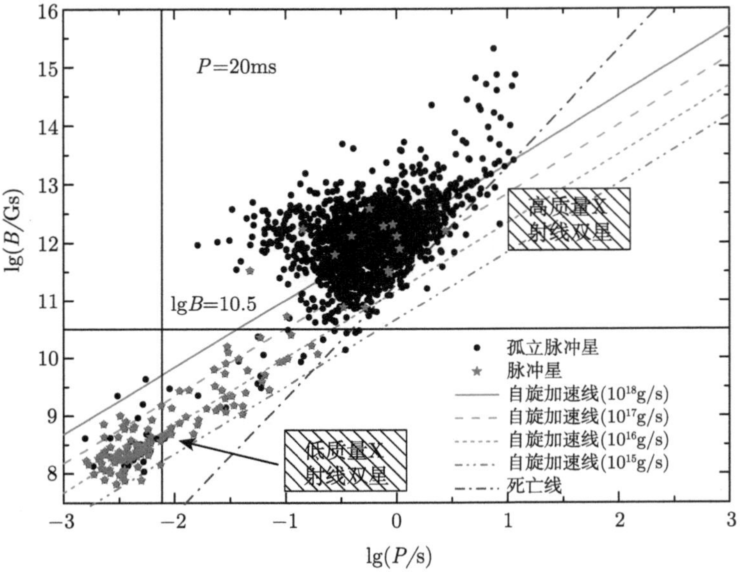

图 5.12 B-P 图

图中给出了四条不同吸积率下的加速线，实心点代表孤立脉冲星，五角星代表脉冲星双星，两块灰色方框分别代表高质量 X 射线双星系统和低质量 X 射线双星系统的位置

对于吸积中子星来说，吸积率的平均变化范围在 $\sim 10^{15} \sim 10^{18}$g/s，而半径及质量相对于吸积率的变化是非常微小的，所以，在 B-P 图中，吸积率的变化相对于半径对加速线位置变动的影响更大。从观测数据可以看到，X 射线中子星的吸积率分布跨越约三个量级：从 $10^{15} \sim 10^{18}$g/s，根据这种变化，我们在图 5.12 中给出不同吸积率对应的加速线 (10^{15}g/s、10^{16}g/s、10^{17}g/s、10^{18}g/s)。

图 5.12 中可以看到几乎所有的毫秒脉冲星都位于吸积率为 10^{15}g/s 的加速线上方，只有三颗毫秒脉冲星位于此加速线下，它们分别是：J0514-4002A、J1801-3210 与 J1518+4904。综合 ATNF 给出的这三颗毫秒脉冲星数据，由方程 (5.63)

得到它们对应的吸积率分别是 0.6×10^{15}g/s、0.8×10^{15}g/s 及 0.9×10^{15}g/s。这三颗毫秒脉冲星可能是在结束吸积过程后，磁偶极电磁辐射导致能量流失，使得星体旋转变慢，自旋产生微小变化，磁场基本保持不变，在 B-P 图中它们显示为沿着横轴方向向右微小移动，从而位于对应吸积率 10^{15}g/s 的加速线 ($\dot{M}=10^{15}$g/s) 下方。从图 5.12 毫秒脉冲星的分布可以推出形成毫秒脉冲星的平均最小吸积率为 10^{15}g/s。

尽管毫秒脉冲星的特征年龄比宇宙年龄稍长，但其真实年龄要小于宇宙年龄，且我们暂时还不能够确切判定它的真实年龄。在中子星自旋加速的演化过程中，自旋周期达到毫秒量级至少需要吸积质量为 $\Delta M_{\rm cr}\sim0.1\sim0.2M_{\odot}$，自旋加速时间需小于哈勃时间 ($t_{\rm H}=10^{10}$yr)。这样，对于形成毫秒脉冲星所需的最小吸积率可以表示为

$$\dot{M}_{\rm cr}=\Delta M_{\rm cr}/t_{\rm H}\approx10^{15}\ ({\rm g/s}) \tag{5.65}$$

如果吸积率远小于形成毫秒脉冲星的最小吸积率，则中子星在演化过程中将得不到足够的吸积质量使其自旋周期加速到毫秒量级，从而无法形成毫秒脉冲星。基于以上分析，我们给出形成毫秒脉冲星所需的最小吸积率应该为 $\sim10^{15}$g/s。

第 6 章　吸积中子星

6.1　吸积中子星的发现

X 射线天文学的繁荣是空间时代的产物，由于来自天空源的 X 射线被地球的大气所吸收，所以探测它们的良好途径是经空间运载把探测器送到地球大气之外的轨道进行探测。这个学科起始于 20 世纪 50 年代末，首先由 V-2 火箭搭载的盖革计数器探测到了太阳的 X 射线发射，随后空间搭载探测器在天蝎座探测到一个非常亮的 X 射线源，这标志着 X 射线天文学的诞生。1962 ~ 1970 年，大约 50 个宇宙 X 射线源被火箭或气球飞行器探测到：其中大多数在银河系内，而第一个河外星系 X 射线源 (处女座星团的 M87) 也是在那个时代被发现的。银河系 X 射线源通常以它们所在星座命名，并按发现的次序排列。例如，第一个探测到的太阳系外 X 射线源叫作天蝎座 (Scorpius) X-1，或简称为 X-1，以此类推。

吸积是指恒星通过引力捕获环绕在其周围的物质，使得恒星质量增加。类似太阳等恒星在穿过弥散气体时，会产生吸积过程。英国天文学家爱丁顿 (Eddington) 于 1930 年首先研究了这种现象，当时他误认为捕获半径就是恒星的大小，在其里面的物质粒子都被看作是恒星物质或是被恒星所吸积的物质。1939 年，霍伊尔 (Hoyle) 和利特尔顿 (Lyttleton) 考虑了必要的物理条件，提出了有效捕获半径的概念，其依赖于恒星质量 M 和恒星与流动物质的相对速度 v，它比恒星半径大好多倍，又被称为吸积半径，是吸积理论的核心参数。

早在以转动供能或以吸积供能的脉冲星被发现之前，泽尔多维奇 (Zeldovich) 和诺维科夫 (Novikov) 在 1965 年就提出了致密星吸积过程的重要意义。他们关注的是吸积过程中系统的能量释放，并认为吸积到中子星表面的粒子能够提供 $0.2 \sim 0.3\mathrm{g}\cdot\mathrm{c}^2$ 的能量，这远大于核反应所释放的能量。当时他们预言，宇宙中可能存在与吸积相关的中子星和黑洞。1962 年观测到的天蝎座 X-1，最终被证实是第一个被观测到的吸积中子星。而 1967 年发现的射电脉冲星被认为是以转动供能，而非以吸积供能，这使得人们第一次开始承认这类致密天体的存在。1971 年发现 X 射线脉冲双星，并被证认为是吸积中子星，这使得人们意识到泽尔多维奇和诺维科夫在 1965 年所预测的现象在宇宙中是普遍存在的。

1966 年，Sco X-1 的光学对应体被发现，它是一颗较暗的蓝星，并伴随较多的紫外发射，类似于较老的新星。通常情况下新星属于双星，并伴随着双星间气体物质的流动。1967 年，什克洛夫斯基 (Shklovskii) 提出天蝎座 X-1 是密近双星系统，其中包含一颗中子星，而其伴星流出的气体流持续不断地注入中子星，热气体在流动的过程中产生 X 射线。这个超前的想法就是后来的致密 X 射线源和吸积供能脉冲星理论模型的雏形，即：①中子星或黑洞形成于双星系中，它有一颗“正常”的伴星并仍旧燃烧其核燃料；②伴星通过一种或者多种可能的机制向致密天体传输质量；③致密星吸积物质释放的引力能转换成电磁辐射，并且主要在 X 射线波段。

1969 年，泽尔多维奇和诺维科夫定量计算了球对称下中子星的吸积过程，以及该过程中所产生的 X 射线发射谱，但值得注意的是该计算忽略了中子星的磁场。他们的论文发表于 1969 年，当时对于射电脉冲星是转动中子星的想法已经被接受。他们详细讨论了吸积物质在近恒星表面的下落和减速，并指出观测到的 X 射线谱依赖于这些过程和吸积率。计算得到的能谱与普朗克 (Planck) 黑体谱相差很远，而将计算结果与天蝎座 X-1 观测到的 X 射线能谱比较后，他们认为可以确定观测到的 X 射线点源实际上就是中子星。

1962 年 6 月 18 日，贾科尼 (Giacconi) 等在新墨西哥发射了搭载了三个盖革计数器的 Aerobee 火箭。探测器很快发现了存在于银河系的离散 X 射线源。例如，在 $1 \sim 10$keV 能段的天蝎座 X-1，这颗源是一颗最亮的 X 射线源。随后发射的火箭、气球飞行器等进一步观测证实了 Aerobee 的观测结果，并确定了源的位置，并且进一步发现了其他新源，如源天鹅座 X-1 是最亮的 X 射线源之一，它的光度随时间变化。很多 X 射线源位于银河系的银盘。1966 年，天蝎座 X-1 处观测到其光学对应体，这是一颗 $12 \sim 13$ 等的老年恒星。接着，1967 年什克洛夫斯基提出了理论模型来解释天蝎座 X-1：该源是一套密近双星系统，系统的 X 射线来自于伴星的高温气体流，而从光学观测可以判断其伴星是一颗年老、冷却的矮星。1967 年，卡梅伦 (Cameron) 和莫克 (Mock) 质疑什克洛夫斯基的模型，认为天蝎座 X-1 观测到的软 X 射线更像是吸积到一个白矮星上而非中子星，他们的模型假设双星系统中白矮星以球吸积的形式吸积伴星物质。普伦德加斯特 (Prendergast) 和伯比奇 (Burbidge) 于 1968 年提出双星系吸积物质可能具有很大的角动量，吸积气体在致密星周围形成一个薄薄的吸积盘，横向近似做开普勒圆周运动，径向做漂移运动。

早在 1965 年，泽尔多维奇 (Zeldovich) 和古塞诺夫 (Guseynov) 就指出单线谱双星的 X 射线或 γ 射线的发射可能是中子星或黑洞存在的证据。尽管科学界在理论上解释了银河系新发现的 X 射线源，但是仍没有证据证明这些源就是密近双星或致密天体。直到 1967 年脉冲星的发现，才注意到这些源更有可能是中子星。1970 年 12 月 12 日，第一颗 X 射线卫星 Uhuru 发射成功，这颗卫星致力于 2 ~ 20keV 能段的 X 射线观测。至 1973 年，这颗卫星共证认了 300 多颗离散 X 射线源；同时，由于具有较好的定位系统，其首次发现了 X 射线双星脉冲星。天蝎座 X-1 的中心天体最终被证认为是中子星，这就大大扩展了对吸积中子星的研究，并且加强了射电脉冲星和吸积中子星之间的联系，有助于研究双星演化和毫秒脉冲星的形成。这些观测结果形成了以下的理论：

- X 射线的短时标发射暗示了较小的发射区域。
- 很多源被证认在双星系统里，其中一颗星为光学可见，另一颗星为光学不可见。
- 中子星或黑洞的吸积过程是将引力势能转化为 X 射线辐射的一种有效的方式。

6.2　X 射线观测卫星的历史

吸积中子星的发现与研究得益于 X 射线天文学的发展，而 X 射线天文学的发展得益于空间 X 射线探测技术的发展。早在 1962 年，人类就开始利用火箭探索天体的 X 射线辐射，并取得了很多成果。例如，发现了蟹状星云的 X 射线发射，还发现了一些其他较亮的恒星级 X 射线源，甚至还在河外天体 M87 发现了 X 射线发射。这一时期对天体的 X 射线辐射研究以新发现为主，而深入的研究留给了在地球外工作的天文卫星。

1970 年，NASA 发射了第一颗 X 射线天文卫星自由号 (Uhuru)(图 6.1)，标志着真正进入 X 射线天文学时代。这颗卫星致力于搜寻能段在 2 ~ 20keV 的 X 射线源并获得其精确位置，研究它们的能谱和时间变化。Uhuru 在它工作的 27 个月中发现了 300 颗 X 射线源，建立了天文学中一个全新的分支，并陆续迎来了多种 X 射线卫星的光辉时代。1971 年 1 月，即在 Uhuru 任务进入一个月左右，贾科尼和他的合作者注意到一颗位于半人马座中的 X 射线源——Cen X-3，它显示出周期性脉冲。基于 Uhuru 的数据，他们获得了 4.84s 的周期，并在 1971 年 7 月发表，这标志着发现了第一个 X 射线脉冲星。第二个 X 射线脉冲星是 Her X-1，它于 1971 年底在武仙座被发现，其周期为 1.24 s，也是被研究的最广泛的吸积 X 射线脉冲星之一。

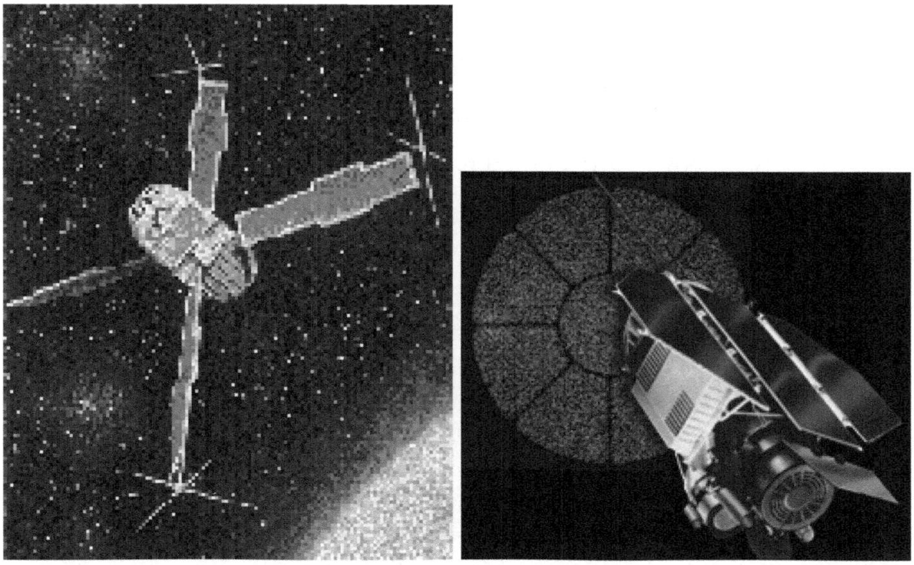

(a) (b)

图 6.1 Uhuru 卫星 (a) 和 ROSAT 卫星 (b)

基于 Uhuru 在 1971 年获得的数据，Cen X-3 的 X 射线强度经历了有规律的变化，周期为 2d，并且它的脉冲周期经历了三角函数形式的变化，且和该强度变化存在相关性。施赖埃尔 (Schreier) 在他的工作中指出：我们解释这种现象为双星掩食，强度的变化源于 X 射线源被其大质量伴星掩食，而周期上 4.8s 脉冲的三角函数变化源于多普勒效应，该 X 射线源的轨道周期为 (2.08712 ± 0.00004)d。这个解释成了双星 X 射线脉冲星的标准解释。Cen X-3 中的大质量伴星在 1973 年由库兹明斯基 (Krzeminski) 在光学波段证认，它是一颗超巨星，谱型为后 O 型星，目前被称作库兹明斯基星。Her X-1 很快也得到了类似的结果，其双星轨道周期为 1.7d，拥有一颗质量相对较低的光学伴星。在此一年后，这些双星中的 X 射线源被确认为中子星。随后，中子星吸积物质供能的想法被提出，随后对该类脉冲星的解释逐渐发展得非常成熟。

到目前已经观测到大约 100 颗吸积脉冲星，它们的周期范围从 1.7ms ~ 9860s，构成双星中的一个子类。这些成就得益于高能卫星的发射：首先是 Uhuru，接下来的是 RXTE、BeppoSAX、Chandra 和 XMM-Newton 等。以星座命名这些 X 射线源已经不再方便，现代术语系统采用对转动供能脉冲星的命名方法来命名 X 射线脉冲星，即用赤经和赤纬表达天空的位置，并且在前面加上存储这些 X 射线源的卫星缩写。这样第一颗吸积脉冲星 ——Cen X-3 记作 4U1119-60，指在 Uhuru 第四次目录里；再如 2.5ms 脉冲星 SAX J1808.4-3658 或 XTE J1808-359，它的名字分别来源于卫星 BeppoSAX 和 RXTE(图 6.2)。随着新生代卫星位置探测精度的大幅提高，这些数字稍有修改，并且添加了更多的数字。另一种命名法是以银经、银纬系统为坐标的命名法。

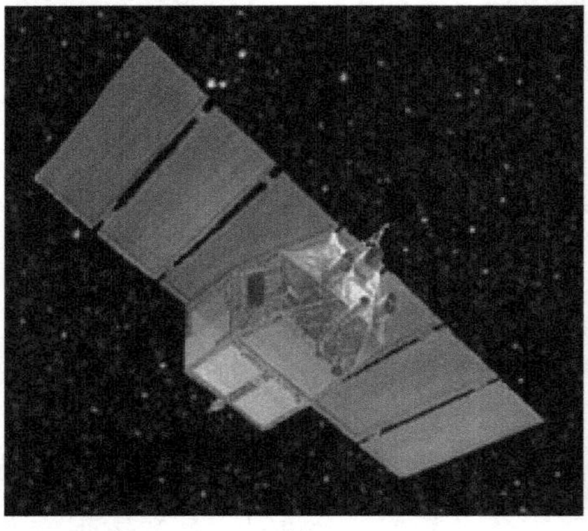

(a)

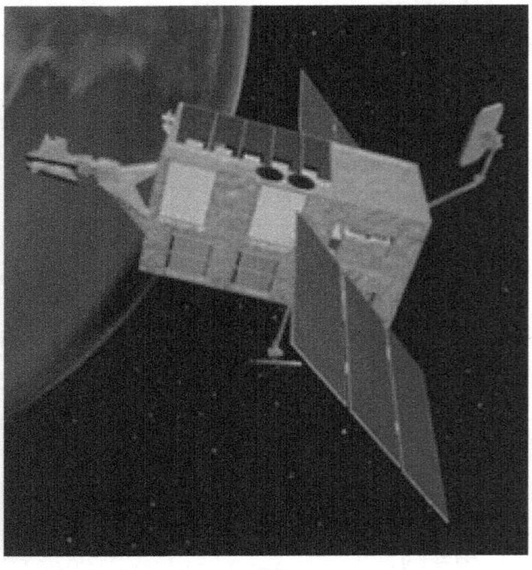

(b)

图 6.2　BeppoSAX 卫星 (a) 和 RXTE 卫星 (b)

Uhuru 于 1973 年退休，它的主要科学成果包括：发现了 X 射线双星源中吸积脉冲星 Cen X-3、Vela X-1 和 Her X-1；证认了天鹅座 X-1—— 天文学黑洞候选体以及多个重要的银河系外 X 射线源。Uhuru 的数据库 ——4U 数据库，是第一个全面的 X 射线目录，包括 6keV 能段覆盖全天区的 339 颗天体。

1978 年爱因斯坦天文台的发射也取得了巨大的成功。它拥有较好的灵敏度和空间分辨率，使得 X 射线的探测从银河系内转到了银河系外。它发现了类星体和活动星系核等强 X 射线源，还发现了恒星形成区、正常恒星和正常星系等的 X 射线发射。

20 世纪 90 年代发射的 ROSAT 卫星 (图 6.1) 的主要任务是 X 射线巡天，它发现了 8 万个 X 射线源，比 Uhuru 多了两个量级。1987 年发射的 Ginga 卫星首先发现了活动星系核中铁的 $6\sim7$keV 的 X 射线，但谱线并不清晰。此后 1993 年发射的 ASCA 卫星，具有更高的能谱分辨率，它成功检测到活动星系核中铁的 Kα 发射线，证认了源的中心发射区存在极强的引力场区，明确地支持了大质量黑洞的存在。

1995 年 NASA 发射了罗西 X 射线时变探测卫星 ——XTE，并于 2012 年停止工作。它以其较高的时间分辨能力和较宽的能谱带宽 ($1\sim60$keV)，观测到来自黑洞、X 射线脉冲星和 X 射线暴等的 X 射线辐射，为 X 射线天文学做出了巨大的贡献。它对中子星、黑洞低质量 X 射线双星展开了进一步观测，不仅发现了吸积中子星的千赫兹准周期振荡现象；还发现了 X 射线毫秒脉冲星； I 型 X 射线暴的振荡；黑洞 X 射线双星源的 QPO、广义相对论所预言的参考系拖拽效应等。随后相继发射的 X 射线卫星，如 BeppoSAX、Chandra、XMM-Newton 等，以及 γ 射线卫星，如 Swift、Fermi 等，也为吸积中子星的观测、理论研究做出了卓越的贡献。

BeppoSAX 是一颗由意大利–荷兰合作的 X 天文卫星，于 1996 年发射，2003 年停止工作。其主要任务是完成分析 γ 射线暴的起源。它观测的范围为 $0.1\sim300$keV，且具有较大的观测面积、较高的能谱分辨率和较强的成像能力，其为纪念印度物理学家欧凯里尼 (Beppo Occhialini) 而命名。

钱德拉 X 射线天文台 (CXO) 是 NASA 于 1999 年 7 月 23 日发射的一流的空间天文台，其有较高的空间分辨率，比先前的 X 射线望远镜高 100 倍，因而具有非常好的成像效果，钱德拉的轨道周期是 64h。

XMM-Newton，也叫作高产量 X 射线光谱仪及 X 射线多镜面任务，是欧洲空间局 (ESA) 于 1999 年 12 月发射的一颗 X 射线天文卫星，其命名为伟大的物理学家牛顿。该卫星的任务是研究星际间 X 射线源，呈现窄的或是宽的光谱，还有同时显示 X 射线和光学图像。

INTEGRAL 于 2002 年 10 月在俄罗斯质子火箭上发射，并提供了对宇宙中最激烈和最奇特的物体如中子星、活动星系核和超新星的洞察能力。INTEGRAL 也帮助人类理解了新化学元素的形成和 γ 射线爆发等现象。极端温度和密度的环境，如在黑洞视界附近的天文事件，是 INTEGRAL 研究的主要课题。

6.3　吸积中子星的证认及分布

X 射线脉冲双星被认证是转动着的吸积中子星，其证据来自于以下观测事实：①脉冲周期范围：$2\text{ms} \sim 10^4\text{s}$；②主星的周期非常稳定。

首先，等离子体振荡周期不能达到较小的周期范围 $2\text{ms} \sim 10^4\text{s}$，且振荡周期是不稳定的，不能解释观测到的周期稳定性，因而被排除。其次，双星轨道周期不能解释极小的观测周期 $2\text{ms} \sim 10^4\text{s}$，也不能解释观测到的周期变率现象，因而也被排除掉。而根据致密星体的密度与转动的动力学时标的关系，发现只有致密星体的自旋周期能解释该周期范围 —— 白矮星、中子星或黑洞。白矮星质量–周期存在 −3 次方关系，与观测事实不符，因而被排除。黑洞非轴对称，不能产生持续的 X 射线脉冲辐射，也被排除。因而只有中子星能够解释所有的观测事实。

X 射线脉冲双星所辐射的 X 射线能量，不是由中子星损失转动能提供的。原因在于：观测到的 X 射线的典型光度为 10^{37}erg/s，这远超过中子星的转动供能，而且一些 X 射线脉冲双星测量到周期导数，发现系统的中子星正处于“加速”状态。对于质量 $M \sim M_{\odot}$，半径 $R \sim 10^6\text{cm}$ 的星体，其每克物质吸积所释放的能量为 $\varepsilon = GM/R \sim 10^{20}\text{erg/s}$。这是一个理想的供能机制：为实现 X 射线脉冲双星 10^{37}erg/s 的辐射能量，需要 10^{17}g/s 的吸积率。X 射线脉冲双星中，中子星的伴星是一颗正常恒星，随着其演化，其一部分物质通过某种形式被中子星吸积。

大质量、年轻的 O、B 型恒星，能驱动自身大量的物质“星风”，快速转动的 Be 型双星能形成环形的物质环。当这些恒星热核演化到“巨星”或“超巨星”时，若它们在密近双星系统中，星体膨胀后会超过双星的引力等势线，即“洛希瓣”，最后中子星的 X 射线辐射能够加热伴星表面，导致质量损失 ——“自激发星风”。吸积的形式分为星风吸积和吸积盘吸积。

对于已知的吸积供能脉冲星，大部分接近于银河系银盘。实际上，高质量 X 射线双星符合大质量恒星的银河系银盘分布，这是由于大质量恒星是高质量 X 射线双星的前身星。低质量 X 射线双星主要分布于银河系的银晕中，符合年老的、低质量的恒星的银晕分布。由于吸积供能 X 射线双星中主要是高质量 X 射线双星，因而吸积供能 X 射线双星总体上分布在银河系银盘中。

6.4 双星系统吸积过程的进一步研究

6.4.1 星风吸积

在高质量 X 射线双星中，脉冲星会因为引力作用从伴星中吸收一部分星风物质。在经典的 Boni-Hoyle 星风吸积系统中，吸积发生在沿中子星运动的轨道中，并且吸积率往往比较低。密近双星系统中伴星的物质充满了洛希瓣，这会导致高吸积率：星风会集中于一个潮汐流，并且如果角动量足够大，将会形成一个暂现的吸积盘。高质量 X 射线双星中几乎没有观测到洛希瓣溢流，这是由于致密星很快被伴星的大气包住。当致密星穿过密度较大的星风区域时，如穿过快速转动的主序星抛出的致密物质区域，星风吸积达到爱丁顿光度，并且在光学波段会出现发射线特征。这一类源被称作 Be 型 X 射线双星。

经典星风吸积系统 具有中等磁场强度 (10^{12}Gs) 的高质量 X 射线双星系统，吸积脉冲星的瞬时光度主要由靠近致密星的星风密度和速度确定。X 射线时域变化的强度由脉冲星的轨道偏心率、星风的成团性和可变性确定，同时也受中子星的引力和光致电离等流体力学性质的影响。

流体力学模拟很好地解释了圆形轨道的星风中吸积率的变化为 $10 \sim 100$ 倍的现象。马努萨基斯 (Manousakis) 和沃尔特 (Walter) 在星风吸积中引入光致电离作用，并能用以探测中子星附近区域的动力学环境，尤其是由光致电离而减慢的主体星风和从中子星上回向流动的气体流之间的碰撞。碰撞形成一个激波的波前，向前向后有规律地运动并形成低密度泡沫，即超低 X 射线光度周期。这种现象产生的瞬时吸积率振幅变化高达 1000 倍左右，并且和在蟹状星云 X-1 观测到的转换调制相似。前后运动的激波发生在中子星磁球的较高位置，并且受吸积柱的影响而放大。沙库拉 (Shakura) 等指出在磁球的边界可能会出现两个亚声速区域，它们由等离子体是否经康普顿过程冷却决定。在低光度，X 射线光子垂直于中子星表面，逆康普顿散射冷却是低效的，并且可能会出现 X 射线脉冲轮廓的改变。流体力学模拟和 X 射线观测使得能够探测星风的速度和密度场。GX 301-2 和 OAO 1657-415 表现出的特殊的观测特征可能与致密流的吸积，以及超大质量伴星的大尺度星风结构有关。

近洛希瓣溢流处系统　当高质量 X 射线双星系统的伴星接近洛希瓣溢流处，会形成潮汐流，因而在致密星附近增加了星风的密度和 X 射线光度。吸积流牵引中子星而造成的信号遮挡，首先在轨道观测中被观测到，并且当中子星的引力占主导后，该效应占据了越来越多的观测轨道。一旦伴星接近吸积溢流，它的洛希瓣的旋进现象便不可避免，并且会导致共同包层的现象。

五个超巨高质量 X 射线双星观测到持续的高度遮挡 ($N_{\rm H} > 10^{23}{\rm cm}^{-2}$) 和较短的轨道周期，并且它们均具有较高的 X 射线光度 ($> 10^{36}$erg/s)。其中两个遮挡系统具有较长的轨道周期 ($\approx$ 10d)，而遮挡很可能源于低的星风速度或者其他环境的影响。超巨快速 X 射线暂现源被证认为是一类新的源。这些硬 X 射线源产生短暂的、亮的耀发，它的持续时间只有几千秒。进一步的分析指出它们中很多可能是经典的或者是椭率较高的系统。它们中一些非常特殊的系统具有较短的轨道周期 ($3 \sim 6$d)，所以很可能非常接近洛希瓣溢流，但同时除了在偶然的耀发阶段，都显示出奇怪的低光度 ($< 10^{34}$erg/s)。反常的低吸积率或高星风速度可以解释低吸积。由于这些源均没有发现中子星脉冲信号，这可能是它们的磁轴和自转轴很接近，而 X 射线集束方向没有对准观测者。当吸积柱的几何剧烈变化时，耀发可能与周期不相关。X 射线集束也曾被用来解释极高 X 射线源 M82 X-2 观测到的极高光度 (10^{40}erg/s)，也被用来解释接近洛希瓣溢流处系统中的 X 射线脉冲星和 Be 型 X 射线双星。

Be 型 X 射线双星　一类高质量 X 射线双星是具有 Be 型伴星的双星。Be 型恒星是非超巨 Be 型星，在其光谱中发现发射线，它起源于环恒星盘被快速转动中子星的不规则抛出。这些赤道质量发射在恒星周围产生了致密的气体环和暗色的星风，这样的吸积盘使得源的可见光谱中产生突然的氢发射线。一些 Be 型系统显示持续的活跃性，另一些源突然进入 Be 阶段并持续几周到几年。

当中子星的轨道非常接近于 Be 型伴星时，质量发射可能会伴随着吸积和 X 射线爆发。观测上发现两类爆发：在近星点由增加的质量吸积率而导致的 Ⅰ 型 X

射线爆发，持续 $0.2\sim0.3$ 个轨道周期，且峰值光度约为 10^{37}erg/s；较少见到的 II 型 X 射线爆发，能达到爱丁顿光度并且能持续几个轨道周期。低椭率 Be 型系统是更加好的 X 射线发射体，而高椭率系统因潮汐作用而圆化。

6.4.2 盘主导吸积

当伴星的物质流动在未达到 X 射线脉冲星磁球而横穿自身物质时，将会形成吸积盘。吸积盘出现在低质量 X 射线双星中，而在一些高质量 X 射线双星中，当潮汐流产生并主导 Bondi-Hoyle 吸积时，也会形成吸积盘。

通过吸积盘从伴星携带的角动量能经由中子星磁球的边界层而传到中子星。吸积盘的内盘会随着中子星共转，随后经吸积柱被传送到中子星表面，加速或者减速脉冲星直到达到平衡周期。目前，吸积盘和磁球的相互作用还未完全被了解。吸积盘和偶极磁球的角差运动形成了一个环形的磁场，等离子体离开吸积盘并沿着偶极磁场运动。这个模型与观测到的 Be 型 X 射线脉冲星在吸积率骤然变化而导致的耀发时的吸积矩行为一致。如果中子星磁场和转动的综合作用相对于下降的等离子体压力来讲过于强烈，那么它引起的螺旋桨效应将会阻碍吸积的进行。这种现象出现于吸积率较低的脉冲星初始演化阶段，其能有效地抑制吸积行为。

在低质量 X 射线双星中观测到高频千赫兹准周期振荡 (kHz QPO)，它对应于磁球边界层的轨道运动。在一些情况下它们的频率非常高，暗示吸积盘可能进一步向内延伸。当 QPO 的频率低于或高于中子星的自旋频率时，吸积流会随之变化。双频 kHz QPO 的形成可能暗示了吸积盘中存在共振。低频 QPO$(0.1\sim100\text{Hz})$ 可能是吸积盘由结构拖拽或吸积不稳定性造成的进动信号。

高质量 X 射线双星中，由于流体力学和星风供给的三维特征，吸积盘是不稳定的。它们持续的时间较短，而且可能在不同的方向转动。而低质量 X 射线双星的吸积盘在几何上更加稳定，但依赖于温度的黏滞性，这会造成一些吸积盘的不稳定性。当温度增加时，质量吸积率随之增加，吸积盘变得更热。由于 X 射线脉冲星是低光度源，中心源对吸积盘的加热会发射热传导星风，并会形成吸积盘额外的不稳定性。吸积盘可能会出现重复性的爆发现象，爆发期会持续几周至几个月，宁静期会持续很多年。吸积率变化式的重复使得源在观测上会出现所谓的 “atoll” 源和 “Z” 源的分类。“Z” 源显示出三种 X 射线谱态，比 “atoll” 源具有更高的吸积率和更长的轨道周期。源的吸积率相对较低，并伴有热核 X 射线闪。

6.4.3　高磁化系统的吸积柱

高磁化系统中，吸积等离子体的路径会被中子星偶极磁场的磁压所截断。等离子体被强迫沿着磁场先运动到磁极，再在磁极处以高能辐射的形式释放自身的引力能。辐射的方向并非各向同性，且中子星的自转能保证了高能脉冲辐射被观测到。

接近于中子星表面，等离子体以准圆柱形吸积柱的几何形式下落，速度接近于光速，接着吸积物质被加热到 10^8K。在吸积柱的强磁场和黑体发射中，经调制的韧致辐射会产生中子、光子的团块和热康普顿化，它对非热硬 X 射线的发射起重要作用。吸积 X 射线脉冲星的连续谱特征是一个幂率谱 ($N_\nu \sim \nu^{-1} \sim \nu^{-2}$) 和一个高能指数截断 ($7 \sim 30$keV)。有时候能谱中软 X 射线能段出现一些吸收线，在更高能段出现回旋共振散射特征 (CRSF)。强磁场中电子在朗道能级上的能级是量子化的，量子化的电子散射硬 X 射线光子就会出现 CRSF 现象。CRSF 的能量差在源的能谱中被测量，从而使散射区的磁场能被估计。在长时标和中子星自转尺度的短时标量级上，CRSF 的光度变化导致其吸积流既不是均一的，也不是稳定的。

在较亮源爆发时，观测暂现 X 射线脉冲星对于了解接近中子星表面的物理过程，尤其是中子星–磁球系统对于质量吸积率在不同时标变化的反映都是至关重要的。在强磁场和强引力场中模拟辐射和吸积物质的相互作用是一个复杂的问题，很多学者试图模拟连续谱形状和 CRSF 形状随着脉冲相、源的光度、发射区几何等的变化。由于模型的复杂性、当前硬 X 射线望远镜的限制以及不同性质的众多发射和吸收区的信号的作用，模型预言和实际观测的比较仍旧不能对吸积柱的物理参数给出强烈的限制。

6.4.4　低磁系统和吸积毫秒脉冲星

存在一类射电毫秒脉冲星，数量大约为 300 颗，它们具有极其短的、毫秒量级的自旋周期，而它们的自旋减慢率极小。射电辐射的产生是因为中子星减少转动能而提供发射电磁能，而周期和周期导数的乘积正比于脉冲星磁场，这暗示着这些源具有较低的中子星表面磁场 ($\sim 10^8$Gs) 和较老的年龄 (10^9yr)。它们的形成被解释为是再加速脉冲星，而自旋再加速发生在亿万年间，其中在低质量 X 射线双星阶段，伴星物质形成的吸积盘的主要作用在于吸积质量的传输。在质量传输阶段这些源被观测到为低质量 X 射线双星，而当质量传输减弱后，脉冲星的供能方式转为损失转动能供能。

吸积供能毫秒脉冲星的存在已经被证实了近 20 年，目前 30 多颗源被证实为吸积毫秒脉冲星 (AMSP)，它们只在伴星物质处于洛希瓣激发质量吸积时，才显示出零星的、持续几个月的 X 射线爆发。该系统中会形成吸积盘，并且在几个中子星半径处被截断，此处中子星磁压与下落等离子体的随机压相当。在这个阶段，观测到的脉冲星 X 射线光度 $\sim 10^{37}$erg/s。在剩下的阶段中，系统仍旧处于宁静态，由损失转动能提供能量。

热核暴起源于弱磁脉冲星。当等离子体堆积在中子星表面相对较大的面积处时，没有达到点燃核反应所需温度。而当聚集到足够多的物质时，将能够点燃爆发，产生一次能持续几千秒的巨大爆发。科学家相信爆发通过中子星大气传播，且在最开始的几秒并不是覆盖中子星整个表面。X 射线爆发开始和结束时的振荡能用来探测中子星的转动，研究吸积和等离子体在中子星表面的延展。相反，对于高磁场中子星，吸积等离子体所覆盖的几何区域相对较小，使得燃烧比较稳定而非产生爆发。

密近双星系统的转动认为在吸积过程经历了四个主要的过程：①当 X 射线光度 $L_{\mathrm{X}} \sim 10^{32}$erg/s 时，就不吸积或者发射射电信号；②当 X 射线光度 $L_{\mathrm{X}} \sim 10^{34}$erg/s 时，它们的吸积率较低，吸积盘的压力平衡磁场压力，并产生很强的外流；③当 X 射线光度 $L_{\mathrm{X}} \sim 10^{37}$erg/s 时，吸积盘在几个中子星半径处被截断，并在持续几周长的爆发阶段观测到 X 射线相干脉冲；④一些系统经历了很强的吸积率，然而相干脉冲却未被观测到，除了在一些爆发阶段。

6.4.5 吸积中子星的阿尔文半径、磁球半径与共转半径

球对称吸积下，吸积的物质会与中子星磁场相互作用，其作用半径用阿尔文半径表征。阿尔文半径 R_{A} 定义为：吸积等离子体的动能密度与中子星磁能密度相平衡的半径，即

$$\frac{B^2(r)}{8\pi} = \frac{1}{2}\rho(r)\upsilon^2(r) \tag{6.1}$$

式中，ρ 为吸积等离子体的物质密度；$\upsilon(r)$ 为距离中子星半径 r 时，物质的自由下

落速度：

$$v(r) = \left(\frac{2GM}{r}\right)^{1/2} \tag{6.2}$$

将吸积率 $\dot{M}$ 写为 $\dot{M} = 4\pi r^2 \rho(r) v(r)$，中子星的磁偶极表达式为

$$B(r) = B_{\rm s}\left(\frac{R}{r}\right)^3 \tag{6.3}$$

从而得到

$$R_{\rm A} = \left(\frac{B_{\rm s}^2 R^6}{\dot{M}\sqrt{2GM}}\right)^{2/7} \tag{6.4}$$

当 $r < R_{\rm A}$ 时，磁场主导着吸积物质和中子星一起转动；当 $r > R_{\rm A}$ 时，吸积盘的物质将在开普勒轨道自由运动；当 $r = R_{\rm A}$ 时，吸积物质将进入磁层并沿着开放的磁力线运行到磁极两端。很明显，只有星体的自旋频率在 $r = R_{\rm A}$ 处小于开普勒频率，吸积物质才能进入磁层。

盘吸积下，中子星磁场与吸积盘的作用半径用磁球–吸积盘半径 $r_{\rm m}$ 表征，其定义为中子星磁能和吸积气体的动能相等位置处的半径：

$$r_{\rm m} = \xi R_{\rm A} \tag{6.5}$$

式中，ξ 是一个常数，在球吸积中取 1，在盘吸积中取 0.5；$R_{\rm A}$ 为阿尔文半径。当 $r_{\rm m} < r_{\rm co}$ 时，中子星处于吸积加速状态；当 $r_{\rm m} > r_{\rm co}$ 时，中子星处于吸积减速状态。

中子星低质量 X 射线双星的共转半径 $r_{\rm co}$ 是距离中子星的特定半径处，其吸积物质的开普勒轨道频率等于中子星的自转频率，即 $\nu_{\rm K} = \nu_{\rm s}$。可推得公转半径的计算公式：

$$r_{\rm co} = \left(\frac{GM}{4\pi^2}\right)^{1/3} \nu_{\rm s}^{-2/3} \tag{6.6}$$

式中，$\nu_{\rm s}$ 为中子星的自转频率。

6.4.6　平衡周期线

对于给定的吸积率 $\dot{M}$，双星系统的中子星在 $\omega_{\rm s} = 1$ 时，即中子星达到平衡自旋周期 $P_{\rm eq}$ 时，其自旋加速将会停止，我们写为

$$P_{\rm eq} = 2.4\,{\rm ms} \cdot B_9^{6/7} \left(\frac{M}{1.4\,M_\odot}\right)^{-5/7} \left(\frac{\dot{M}}{\dot{M}_{\rm Edd}}\right)^{-3/7} R_6^{18/7} \tag{6.7}$$

式中，B_9、M 和 R_6 分别为中子星表面磁场强度 (以 10^9Gs 为单位)、中子星质量、中子星半径 (以 10^6cm 为单位)，平衡周期线方程也叫作加速线方程。$\dot{M}_{\rm Edd}$ 是“爱丁顿极限吸积率”，即吸积光度等于爱丁顿光度。平衡自旋周期 $P_{\rm eq}$ 定义为开普勒角速度等于中子星自转角速度半径处，即

$$\frac{2\pi}{P_{\rm eq}} = \Omega_{\rm K}(r = R_{\rm A}) = \left(\frac{GM}{R_{\rm A}^3}\right)^{1/2} \tag{6.8}$$

代入阿尔文半径的公式即可得到平衡周期的表达式。对于 $P > P_{\rm eq}$，吸积过程是可能存在的，且吸积物质的角动量将会使得中子星自旋加速。对于 $P < P_{\rm eq}$，阿尔文半径处堆积的吸积物质将会对中子星磁球施以制动扭矩，使得中子星自旋减速。最终的结果是吸积中子星的自旋周期接近于平衡周期 $P_{\rm eq}$。事实上，我们已经发现很多观测到的脉冲星位于吸积率 $\dot{M} = 10^{18}$g/s 对应的加速线上方，所以我们称加速线为平衡周期线，这是因为最初诞生的中子星拥有较快的自旋周期，随着磁偶极辐射带走的能量，自旋将减慢，从而使它们在 B-P 图中的位置会靠近平衡周期线。所以，平衡周期线的作用是使得中子星的自旋周期在演化过程中靠近平衡周期。也就是说，对于相同的磁场，如果自旋周期快于中子星的平衡周期，中子星将被减速；如果慢于平衡周期，中子星将被加速，所以这里我们将加速线称为平衡周期线似乎更为贴切。

6.5 吸积中子星的分类

双星系中的中子星能够从伴星吸积物质，吸积的形式可能为星风吸积，或者当伴星的星体物质溢出其洛希瓣而形成吸积盘时，吸积形式也可能为盘吸积。下落的吸积物质所释放的引力能，有一部分提供了观测到的辐射能量和参与自旋演化的吸积矩。除这些常见的性质外，吸积中子星还表现出很多其他的性质，这些性质与中子星的磁场强度、伴星的质量和吸积的性质等有关。

6.5.1 低质量 X 射线双星

低质量 X 射线双星 (LMXB) 是一种双星系统，其中主星是中子星或黑洞，伴星是一颗低质量主序恒星、白矮星或红巨星，这些伴星的星体物质已经充满了洛希瓣，并经由吸积盘向致密主星传输。低质量 X 射线双星中几乎所有辐射都在 X 射

线波段，仅有非常小的一部分辐射 ($\sim 1\%$) 在光学波段。低质量 X 射线双星的中子星被认为是年老的一类中子星，它具有较低磁场 ($\sim 10^8$Gs)，并且在吸积盘的力矩作用下自旋加速。它们具有较低的磁场被解释为吸积过程减少或者淹没了磁场通量。根据吸积率 $\dot{M}$ 的大小，在经过了大约 10^6yr，中子星磁场的压力和吸积流的压力将会达到平衡，这使整个系统达到了平衡，而中子星的自旋也达到了“平衡周期”($P_{\rm eq}$)。$P_{\rm eq}$ 的值依赖于中子星的磁场和吸积率 $\dot{M}$，见下式：

$$B \sim 10^{12}\,({\rm Gs})\,P_{\rm eq}\left(\frac{\dot{M}}{10^{-9}M_{\odot}\,{\rm yr}^{-1}}\right)^{1/2} \tag{6.9}$$

对于磁场大约是 10^8Gs，吸积率接近爱丁顿极限，$P_{\rm eq}$ 将达到毫秒量级。实际观测中，RXTE 已经在多个低质量 X 射线双星中观测到毫秒量级的 X 射线脉冲。其中第一个源是 SAX J1808.4-3658。目前已观测到 200 多个低质量 X 射线双星中，大约有 30 个源探测到了毫秒量级的 X 射线脉冲，其频率范围在 100~ 1000Hz。毫秒量级的 X 射线脉冲星的发现建立起这样的观点：它们是转动供能毫秒脉冲星的前身星。低质量 X 射线双星和射电毫秒脉冲星之间的转换，实际上在源 PSR J102347.6+003851 的射电毫秒脉冲发现时就已经观测到，这颗源在近十年前就被观测到在光学波段发射，并预示着吸积盘的存在。

一些低质量 X 射线双星具有稳定的 X 射线发射，并偶尔显示出爆发现象，而另外一些源则只有在爆发时期才能探测到，即暂现源。相当一部分源都是暂现源，其爆发的时间间隔从几个月到几年。爆发期典型的持续时间为几周到几个月。I 型 X 射线暴被认为是中子星表面的热核爆发，即当吸积物质的密度和温度达到了核反应的临界点时，就会爆发。I 型暴的典型持续时间为 $10 \sim 100$s，典型的总能量为 $10^{39} \sim 10^{40}$erg/s。低质量 X 射线双星在其 X 射线发射中还显示出千赫兹准周期振荡 (kHz QPO) 现象，它们被认为起源于吸积盘内吸积流体的运动。大多数 QPO 模型，认为振荡频率是吸积物质的轨道运动频率。由于这些产生 QPO 的物质所在的轨道是稳定的，它必须在由广义相对论决定的最小稳定圆轨道 (ISCO) 的外面，因而 kHz QPO 的频率可以限制中子星的质量。由于测量的最大的 kHz QPO 频率大约在 1200Hz，运用施瓦希测度中 ISCO 的计算公式 $6GM/c^2$，可以给出中子星的质量 $M < 2M_{\odot}$。

在探测到自旋脉冲的低质量 X 射线双星中，~17 个是在其持续的 X 射线发射中显示出毫秒脉冲，∼22 个是在 I 型暴中显示出毫秒脉冲。在热核爆发过程中观测到振荡现象经常出现在爆发的衰减阶段，且频率随着强度的降低而上升到一个单调极限。对这种现象的解释是中子星的自转调制了随着高度膨胀上升的爆发热点，接着落回到中子星表面。中子星的真正转动频率就是观测到的渐进频率，其自旋可能与同步上下移动的双频 QPO 的频差有关。由于双频 QPO 的频差范围在 200 ∼ 400Hz，因而中子星的自旋频率被认为也在这个范围。在有些源，对频 QPO 的频差接近中子星自旋频率的 1/2，而 QPO 与中子星自旋的关系还不清晰。

多种方法测得的中子星自旋频率分布在最大值 620Hz 处截断，这一频率低于中子星瓦解频率 ∼ 1000Hz。这说明存在某种机制停止或者阻碍了中子星的自旋加速过程。几种可能的解释被提出，如引力波阻尼等。

低质量 X 射线双星的伴星质量通常 $< 1M_\odot$，伴星主要为晚型主序星、F-G 型亚巨星、白矮星等。相对于高质量 X 射线双星，此类系统具有相对较软的 X 射线谱，$kT \leqslant 10\text{keV}$，很多源缺少规则的 X 射线脉冲。光学伴星为质量较小、较暗的蓝型星，$L_{\text{opt}}/L_{\text{X}} < 0.1$，这暗示如果源的伴星为正常的恒星，而其光度小于 $20L_\odot$，则质量小于 $1M_\odot$。此类系统主要分布在银盘，为年老的恒星族，年龄 $(0.5 \sim 1.5) \times 10^{10}\text{yr}$，即所谓的“老盘族”(old-disk population)。还有一些 LMXB 属于星族 II (球状星团)，其包括银河系晕源 (GB)、球状星团源 (GC)、X 射线暴源 (B) 和许多未知的 LMXB。

除了掩食现象，LMXB 还观测到浸润现象，其可能是由吸积盘等结构遮挡主星信号而产生的现象。LMXB 的轨道周期分布和激变变星 (CV) 的轨道周期分布相似，不同点只是 CV 的主星为白矮星。LMXB 的轨道周期在 80min ∼ 2h 存在缺失，这和 CV 的观测很相似。CV 轨道周期缺口 (period gap) 在 2∼3h。LMXB 经常观测到 X 射线暴，即 I 型暴，这也是认证其主星为中子星而非黑洞的判据之一。I 型暴为吸积物质堆积到中子星表面后引发的核暴。从 X 射线暴的性质可推得 LMXB 具有较低的磁场，这也许正是 LMXB 很少观测到 X 射线脉冲的原因，即磁场不能引导吸积物质沿磁场到达中子星极冠；而且如果磁场过弱，阿尔文半径可能会接近中子星半径，则吸积会出现在中子星的大部分表面。LMXB 还观测到千赫兹准周期振荡，这也是认证其主星为中子星而非黑洞的判据之一，其常出现双频，且可能与中子星自旋有关。LMXB 以吸积盘吸积为主，且吸积质量较大。

6.5.2　中等质量和高质量 X 射线双星

双星系统中包括一颗中子星或黑洞，以及一颗高质量 O 型星或 B 型星 ($M > 5M_{\odot}$)，这种系统被称作是高质量 X 射线双星 (HMXB)，如源 Vela X-1。在高质量 X 射线双星中有一大类，即中子星绕着一个 Be 型恒星做高椭率运动，当中子星穿过环绕在 Be 型星周围的物质盘时，吸积物质才偶尔地爆发，如源 A0636+26。如果供应物质的是一颗中等质量的恒星 ($1M_{\odot} \leqslant M \leqslant 5M_{\odot}$)，系统就是一个中等质量 X 射线双星 (IMXB)，如源 Her X-1。在 HMXB 中，致密星体从伴星或者 Be 型星的物质盘中吸积物质，而在 LMXB 中，中子星从系统的吸积盘吸积物质。这两类源，加起来共有几百个，都是较亮的 X 射线源，而且一部分源显示出持续的或者暂现的 X 射线脉冲 (如在 Be 型 X 射线双星中)。相对于 LMXB 中的毫秒量级的脉冲，HMXB 中的 X 射线脉冲周期较长，范围是 $1 \sim 1000\text{s}$。以下公式：

$$B \sim 10^{12}\,(\text{Gs})\,P_{\text{eq}}\left(\frac{\dot{M}}{10^{-9}M_{\odot}\,\text{yr}^{-1}}\right)^{1/2} \tag{6.10}$$

需要这些源中的中子星磁场接近 10^{12}Gs。实际上，很多 IMXB 和 HMXB 中 (约 40 个) 的 X 射线脉冲星的能谱中显示出吸收特征，这些吸收特征几乎都被确认为电子的回旋共振散射。这些回旋共振散射特征 (CRSF) 的能量范围为 $10 \sim 50\text{keV}$。通过下式：

$$B_{\text{cyc}} \simeq \left(\frac{E_{\text{c}}}{11.6\,\text{keV}}\right) 10^{12}\ \text{Gs} \tag{6.11}$$

CRSF 建议中子星表面磁场为 $10^{12} \sim 12^{13}\text{Gs}$。由于在这些系统中中子星的磁场较高，它们的阿尔文半径：

$$R_{\text{A}} = 3 \times 10^{8}\,(\text{cm})B_{12}^{4/7}\left(\frac{\dot{M}}{10^{17}\,\text{g/s}}\right)^{-2/7}\left(\frac{M}{M_{\odot}}\right)^{-1/7} \tag{6.12}$$

距离中子星半径的位置比 LMXB 远，而吸积物质在较强磁场的作用下，吸积物质沿磁场线导入到中子星的极冠区。下落的物质接着在极冠上方加热中子星的大气至大约 10^{8}K。理论认为下落物质被减速和传输的热依赖于吸积率，并决定了它的压力和源的光度 $L_{\text{X}} = GM\dot{M}$。如果吸积的压力超过了辐射的压力，即由吸积物而使得源光度远超过球对称爱丁顿极限，则在中子星表面某一距离处将会形成辐射激波。如果吸积流的压力没有超过辐射压力，中子星大气会经由库仑碰撞或无碰撞激波而加热。在远离激波形成的位置，缓慢下降的吸积柱的大部分在垂直于磁轴的方向辐射，并形成扇形辐射束。而在库仑加热的情况，中子星大气在中子星表面形成一块板子，而辐射主要沿着磁轴。X 射线脉冲星辐射的连续谱是热韧致辐射和康普顿散射发射的。在一些 X 射线脉冲星中，CRSF 的出现特征是吸收线，并伴随着多达四条的谐波吸收线，如源 4U 0115+63。它们起源于连续光子被电子的共振散射，这些电子的动量沿强磁场线具有热分布。由于共振散射的散射截面强依赖于角度，因而 CRSF 对于发射大气的集合与物理条件具有很好的诊断作用。

科学界一般根据 X 射线双星中致密星或伴星的特点对它们进行分类。根据致密星的种类，系统可分为中子星 X 射线双星和黑洞 X 射线双星。根据光学和 X 射线波段光度的比值，即 $L_{\rm pot}/L_{\rm X}$，系统又可分为高质量 X 射线双星 ($L_{\rm opt}/L_{\rm X} > 1$) 和低质量 X 射线双星 ($L_{\rm opt}/L_{\rm X} < 0.1$)。银河系 ~95% 的强 X 射线源 ($L_{\rm X} \sim 10^{34} \sim 10^{38}$erg/s) 属于这两类。其中高质量 X 射线双星的伴星质量 $\geqslant 10\ M_{\odot}$，其光学光度由大质量伴星主导，系统寿命由其大质量伴星的演化时间决定，一般较短 ($< 10^7$yr)，主要分布在银盘上。低质量 X 射线双星的伴星质量 $\leqslant 1M_{\odot}$，其光学波段的光度则由吸积盘主导，系统寿命由质量转移过程决定而相对较长 ($(5 \sim 15) \times 10^9$yr)，主要分布在银河系核球和球状星团中。

高质量 X 射线双星在观测上，这类系统具有相对较硬的 X 射线谱，$kT \geqslant$ 15keV，较硬谱在 X 射线色度 (color) 图中尤其明显。很多 HMXB 显示出类似于 Cen X-3 的规则的 X 射线脉冲，暗示它们为转动的强磁场中子星，其表面偶极磁场量级为 $10^{11} \sim 10^{13}$Gs，系统的吸积物质受磁场作用，沿磁力线下落并堆积在极冠区，产生 X 射线脉冲，且脉冲周期一般较长 ($1 \sim 10^3$s)。此类系统未观测到类似于 LMXB 的 X 射线暴。大部分 HMXB 的伴星为高光度、较亮的早型星，其光谱类型为 O 型、B 型。这些系统的光学光度大于或等于其 X 射线光度，即 $L_{\rm opt}/L_{\rm X} \geqslant 1$。这些源经常出现掩食现象，可帮助直接测量轨道周期。利用脉冲和光学伴星的多普勒径向速度和测光曲线，可以测定双星的质量和距离。由于 $> 10M_{\odot}$ 的恒星寿命较短，HMXB 属于银河系中最年轻的星族，即星族 Ⅰ。它们的分布集中于星系盘，但是不集中在星系中心。

HMXB 大致可分为两类：标准 HMXB 如 Cen X-3、SMC X-1 和拥有 Be 伴星的 HMXB。标准 HMXB 的伴星为已演化恒星 (巨星或蓝巨星)，半径 $10 \sim 30R_{\odot}$，光学

光度 $L_{\rm opt} > 10^5 L_\odot$，初始质量 $> 20M_\odot$，轨道周期 $1.4 \sim 10$d，系统均为持续源，吸积形式为洛希瓣外流。Be 伴星 HMXB 的伴星为未演化恒星，半径 $R < 5 \sim 10R_\odot$，光学光度 $L_{\rm opt} < 3 \times 10^4 L_\odot$，初始质量 $8 \sim 20M_\odot$，轨道周期从 10 天到几个月甚至几年，很多系统为暂现源，吸积形式为星风吸积。

6.6　吸积中子星的磁场与回旋吸收线

吸积中子星的磁场不能由中子星自旋导数测量，这是由于它们的自旋演化由吸积物质的吸积矩主导。吸积中子星能谱中的回旋线能给出中子星表面磁场强度的估计：

$$B_{\rm cyc} \simeq \left(\frac{E_{\rm c}}{11.6\,{\rm keV}}\right) 10^{12}\ {\rm Gs} \tag{6.13}$$

式中，$E_{\rm c}$ 为回旋线能量。对于低质量 X 射线双星和暴源，由阿尔文半径 (即中子星磁压平衡吸积流压力) 给出了中子星表面磁场强度的估计：

$$B_{\rm A} \sim 10^{12}\,{\rm Gs}\,P_{\rm eq}\left(\frac{\dot{M}}{10^{-9}M_\odot\,{\rm yr}^{-1}}\right)^{1/2} \tag{6.14}$$

式中，$P_{\rm eq}$ 为中子星自旋的平衡周期；$\dot{M}$ 为系统的质量吸积率。不同的中子星类型在 B-P 磁场图中往往占据着不同的位置，虽然不同的类型会有些重叠。低质量 X 射线双星作为转动供能毫秒脉冲星的前身星和射电毫秒脉冲星重叠，其具有较低的磁场强度和较快的自转速度。

观测上，对于中子星自旋：高质量 X 射线双星中很多源都具有测量到的中子星自旋频率 (62 个源)，而在低质量 X 射线双星中，从吸积主导的脉冲周期和爆发主导的振荡推得的中子星自旋比较少 (约 30 个)。

6.7　I 型 X 射线暴

在 NS-LMXB 系统中曾发现 X 射线暴现象 (图 6.3)。这种被称为 I 型 X 射线暴的现象表现为光变曲线在 $0.5 \sim 5$s 内的快速上升，而后在 $10 \sim 100$s 内缓慢衰减。在短短几秒钟内的典型能量释放量约为 10^{39}erg。理论上一般认为 I 型 X 射线暴源是由吸积到中子星表面物质的间歇性不稳定热核燃烧造成的。作为燃料的吸积物质为氢或氦，吸积物质堆积在中子星表面点燃所需的深度大约为 10m，密度大约为 $10^8 g/cm^3$，其压缩率和点燃深度依赖于吸积率。具有爆发现象的中子星往往具有较低磁场 ($\sim 10^7 \sim 10^9$Gs)，爆发时源表面发射大约比平时亮 10 倍，使得其表面发射能较容易地脱离总发射。爆发时信号强度大约为非爆发时的 10 倍，提供了非常高的信噪比。伴随着爆发，I 型 X 射线暴还显现了如光球半径膨胀、热核闪耀延展等现象。有些源曾多次发现爆发现象，由于 I 型 X 射线暴起源于中子星表面，星体参数 (质量、半径、自旋) 影响暴的能谱、时变性质，因而可以运用爆发模型结合观测来限制中子星参数。现已经在 80 多个源中发现了几千个 I 型 X 射线暴，这样大的样本使对此现象的系统研究变成了可能。

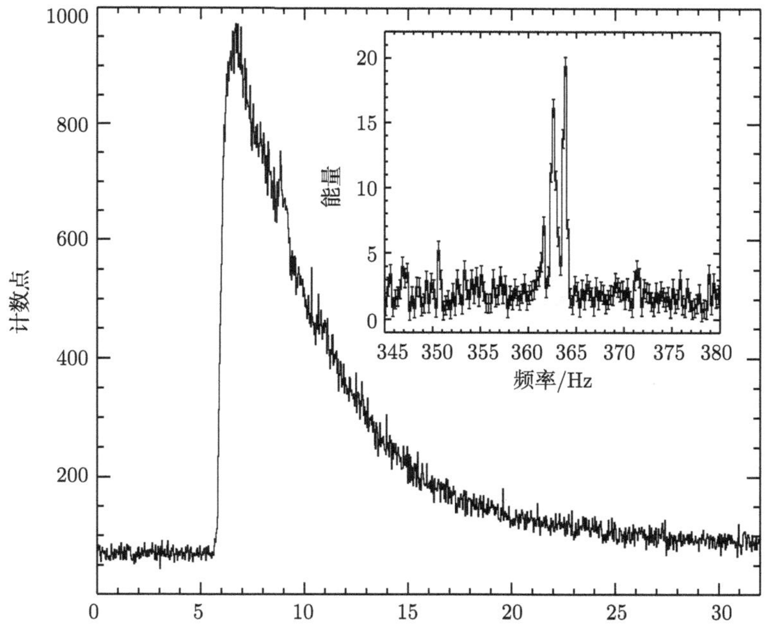

图 6.3 I 型 X 射线暴的光变曲线

来自文献 Strohmayer，1996

在许多 I 型 X 射线暴中，观测到了突发振荡现象，它涉及吸积中子星表层中不对称亮度斑块的燃烧。有趣的是，它们不仅是一种核暴现象，而且也是探测致密物理、中子星表面强引力、强磁场的重要探针。暴振荡频率常被用来测量恒星旋转，使得快速旋转中子星 (10Hz 以上) 样品的发现增倍。虽然暴振荡的机制仍不清楚，但其模型必须考虑到热核耀发的传播、核过程、中子星快速旋转和磁场的动力学作用。

6.8　LMXB 时变现象与准周期振荡

低质量 X 射线双星的功率谱中常出现很多准周期振荡现象，即 QPO 现象。它是典型的时变信号，在功率谱上表现为具有一定宽度的峰，通常用 Lorentz 函数描述，即

$$P_\nu \propto \frac{\lambda}{\left[(\nu-\nu_0)^2+\left(\frac{\lambda}{2}\right)^2\right]} \tag{6.15}$$

式中，ν_0 为峰值频率，描述了 QPO 在功率谱上的位置；λ 为半高全宽 (FWHM)，与信号的耦合时间相关。人们通常把这两个量的比值定义为品质因子 Q：

$$Q \equiv \frac{\nu_0}{\lambda} \tag{6.16}$$

用来表征 QPO 信号的耦合时间相干性，用于 QPO 耦合性的研究。QPO 就是功率密度谱上 $Q>2$ 的一些峰，$Q<2$ 的峰为噪声。信号的强度通常由百分比均方根振幅 (rms) 描述，rms $\propto P^{1/2}$(其中 $P=\int P_\nu \mathrm{d}\nu$ 为 QPO 信号所覆盖的功率谱积分)，表示信号振幅占总流量的百分比。这样，我们就可以用三个特征量：峰值频率、品质因子和均方根振幅来描述 QPO 信号。

在功率谱上峰值频率达到千赫兹的 QPO(kHz QPO) 信号的时标在毫秒量级。早在 1971 年，Shvartsman 已经意识到毫秒级的变化信号产生于物质吸积到致密星的过程。但是直到二十多年之后 RXTE 卫星发射，kHz QPO 现象才最终得到证实。从此 kHz QPO 的研究迅速成为天体物理学领域中的研究热点，一系列 LMXB 的 kHz QPO 现象得到探测和研究。“Z” 源中，kHz QPO 通常出现在 HB 和 NB 的顶端，而 “atoll” 源中 kHz QPO 出现在 LB 的左端。

kHz QPO 通常成对地出现在功率谱上，对频中较高的峰值频率称为上频，另一个峰值频率称下频，对频间隔是几百赫兹，与中子星自旋频率 (或自旋频率的一半) 的差别一般不超过 20%。kHz QPO 对频之间以及与其他频段 QPO 相互关联，

且 "Z" 源中与 "atoll" 源中的各种相关性基本一致。而 kHz QPO 下频与低频 QPO 之间呈线性关系，其频率在短时标 (数小时) 内通常随光度的增大而增大，而在长时标上与光度没有相关性。无论对不同的源还是对同一个源的长时间观测，都可以给出类似的平行线。这表明 kHz QPO 频率同时依赖于光度和平均光度，而平均光度可能与磁场有关。另一种可能是频率与吸积光度具有相关性，而观测到的光度包含了其他成分，如核燃烧光度，从而导致轨迹的漂移。

第 7 章　我国脉冲星的射电设备与天眼之问

7.1　我国脉冲星的观测设备

在相当长的一段时期内，天文学隶属光学学科，之所以在地球上我们可以用眼睛观测太阳是因为其实质是一个发光体。其光度峰值在我们眼睛可观测的频率范围之内。炎热的恒星产生的光以蓝光为主，冷却的恒星产生红光，比这些温度更低的恒星尽管辐射红外线，但我们观测不到。因此，我们的视觉对天体研究有很大的局限性。

20 世纪 50 年代前，观测天文学几乎仅限于对恒星、行星、气体等的电磁辐射的检测，对于大多数的恒星和行星的观测只能通过它们自身发出或是反射的可见光来进行。现今我们可以通过拍摄、射电、空间卫星等对星体的其他频段进行观测。通过红外线对冷天体进行观测，通过紫外线对温度极高的星体进行观测，这些研究对象 (如白矮星、中子星、黑洞) 都具有较强的引力场。大部分电磁辐射无法穿越空间到达地球，大多数红外和紫外辐射以及所有的 X 射线和 γ 射线在空间的传播过程中被大气和尘埃吸收。因此，为了观测到这种辐射，必须将探测仪器送上太空。自 1609 年伽利略把第一台望远镜用于宇宙观测之后，为了获取宇宙的更多秘密，科学家们不断更新、改进和完善望远镜，至今对望远镜的探索已有 400 多年的历史，由于天文观测的迫切要求和天文学快速发展的推动，需要我们进一步探索新的观测路径。

在 1937 年，美国人 G. 雷伯成功制造了第一台抛物面形射电望远镜，用它测到了太阳以及其他一些天体发出的无线电波。1946 年，英国曼彻斯特大学开始建造直径为 66.5m 的固定抛物面射电望远镜，在 1955 年建成了当时世界上最大的 76m 直径的可转抛物面射电望远镜。与此同时，澳大利亚、部分欧洲国家、美国等也相继建成了口径不同、形式各异的早期射电望远镜。

射电天文技术，最初起步和发展是在第二次世界大战后，得益于大批退役雷达的“军转民用”。自 20 世纪 80 年代以来，欧洲的 VLBI 网、美国的 VLBA、日本的空间 VLBI 相继投入使用，这是新一代射电望远镜中的代表，与之前的望远镜相比，它们的灵敏度、分辨率和观测波段都有了较大的提高。

7.2 我国的射电望远镜及发展

射电望远镜是主要接收天体射电波段辐射的望远镜。射电望远镜的外形差别很大，有固定在地面的单一口径的球面射电望远镜，还有能够全方位转动的类似卫星接收天线的射电望远镜以及射电望远镜阵列。下面简单介绍我国现有及在建的射电望远镜。

(1) 500m 口径球面射电望远镜 (FAST，图 7.1)：位于贵州省平塘县，2016 年 9 月竣工，于 2017 年投入试验运行。FAST 口径远远超过美国波多黎各的阿雷西博望远镜 (口径 305m)，成为世界最大的单口径射电望远镜，并在未来 30 年内保持世界一流地位。FAST 利用了贵州地区独特的地形条件和喀斯特地貌的山谷来构建望远镜的支撑架构。总镜面由 2000 多块反射面组成。目前世界上现有的观测设备大多已使用到其探测极限，很难再发现特殊类型的脉冲星，而 FAST 具有极高的灵敏度和超大的天区覆盖面积，其观测分辨率也是史无前例的，并已经安装使用 19 波束接收机，对提升脉冲星观测巡天和研究水平发挥了重要作用。FAST 突破了望远镜的百米工程极限，开创了建造巨型射电望远镜的新模式。天文学家估计，在银河系内有约 6 万颗可观测的脉冲星。由于 FAST 的高灵敏度和高分辨率，使很多暗弱的脉冲星均在其观测视野范围内，因此，预计 FAST 在考虑各种干扰条件下可测得 4000 颗脉冲星，在其理想的测量条件下最多可达到 8000 颗脉冲星。FAST 将可能发现超快速的亚毫秒脉冲星 (可能是夸克星候选体)，以及脉冲星与黑洞组成的双星系统，此外 FAST 还将利用毫秒脉冲星进行高精度引力波探测。其设立的科学目标是将中性氢观测延伸至宇宙边缘，重现宇宙早期图像；参与未来脉冲星自主导航和引力波探测；主导国际甚长基线干涉测量网，获得天体超精细结构；进行高分辨率微波巡视，检测微弱空间信号；参与地外文明搜寻；参与子午链工程，高非相干散射雷达双机系统性能；将深空通信能力延伸至太阳系外缘行星，将卫星的数据接收能力提高 100 倍。下面给出 FAST 总技术指标。

- 球反射面：半径 ~ 300m，口径 ~ 500m
- 球冠张角：$110° \sim 120°$

- 有效照明口径：300m
- 天空覆盖：天顶角 40°
- 工作频率：70MHz ~ 3GHz
- 灵敏度 (L 波段)：$2000\mathrm{m}^2/\mathrm{K}$
- 分辨率 (L 波段)：$2.9'$
- 多波束 (L 波段)：19
- 观测换源时间：< 10min
- 跟踪精度：$8''$

图 7.1　500m 口径球面射电望远镜 FAST

(2) 新疆天文台 25m 射电望远镜：位于新疆乌鲁木齐南山观测站。其配备了 1.3cm、2.8cm、3.6cm、6cm、13cm、18cm、30cm、49cm、92cm 低噪声微波接收机，氢原子钟，MK-2、MK-3、MK-4、MK-5 等 VLBI 终端，256 通道脉冲星消色散观测系统、4096 通道数字式自相关分子谱线观测系统，GPS 定时定位接收机，40cm 高精度光电经纬仪。由于乌鲁木齐特殊的地理位置，其具有国际先进水平的技术系统和良好的工作状态，射电望远镜接收系统的综合水平和观测状态已达到欧洲网的较高水平。

(3) 新疆天文台 110m 射电望远镜：筹备项目，将建于乌鲁木齐奇台县。这台望远镜为全方位可转动射电望远镜，工作频率为 150MHz ~ 115GHz，配备超宽带接收机。建成投入使用后，将与美国 100m × 110m 的绿岸射电望远镜、德国埃菲尔斯伯格 100m 射电望远镜并列为世界最大的地面可转动射电望远镜，届时我国天文和天体物理学研究水平将跨入国际最前沿。

(4) 上海天文台 65m 射电望远镜：位于上海佘山。这台望远镜于 2013 年落成，共有 8 个波段的双极化接收机 (L、S、C、X、Ku、K、Kα 和 Q 波段)，具有 VLBI 数据采集终端、氢原子钟和时频比对设备等，是我国目前已投入使用中口径最大、波段最全的一台全方位可动的高性能射电望远镜。

(5) 云南天文台 40m 射电望远镜：2006 年 5 月投入使用。其主要任务是接收嫦娥卫星下行的科学数据并参与完成对绕月卫星的精密测轨，它工作在 S/X 频段，指向精度 30″，最大转动速度为 1°/s(方位) 和 0.5°/s(俯仰)。

7.3 中国天眼 FAST 的天问

7.3.1 天眼天问之一——宋代的客星“天机”

仰望星空，浩瀚宇宙繁星闪烁、熠熠生辉，银河系如同瀑布落九天，召唤人们无限的追思与遐想。回溯时光，诗人屈原感发“天问”而求索，李白将“月光”拟成地上霜。天文学家与天体物理学家历经几世纪的接力研究，诗人与贤哲关于天空的迷思渐显端倪：广袤宇宙的星星就如同我们的地球围绕的太阳，它们大多是依靠核燃烧维持发光的恒星。于是，一系列的“天问”随之产生：这些燃烧的恒星不可能永恒发光发热，它们必有终点，那么恒星是如何终结的？恒星终结后的产物又是什么？恒星终结那一刻，是天堂的渴望，还是地狱的恐惧？人类永恒的“天问”可否探寻究竟？既然天眼释疑“天问”，中国天眼的科学目标——脉冲星将如何与上述“天问”谜团纠缠在一起？为解惑释疑，让我们先搭上时光的快车，穿越到 1000 年前的宋朝，回溯历史长河的激流，梳理整合，剥茧抽丝，找寻脉冲星与中国的关系踪迹，揭示一个开启新时代的“天机”。遥望宋朝：从土木工程、冶金、航海领域的众多发明，到沈括、苏颂等通才科学家的大批涌现，再到活字印刷术的发明和推广——无不证明宋朝是令中国人骄傲的时代。是的，那是个中国科技领先世界的时代，那是西方人向往的东方“天堂”的时代。陈寅恪曾说：“华夏民族之文化，历数千载之演进，造极于赵宋之世，后渐衰微，终必复振。”李约瑟更是一针见血地指出:“每当人们研究中国文献中科学史或技术史的任何特定问题时，总会发现宋代是主要关键所在。不管在应用科学方面或在纯粹科学方面，皆是如此。”是的，不容否认，宋人是具有创造性的，宋朝更是启蒙世界文明的伟大时代。然而，天机异常诡秘，1054 年 7 月 4 日 (宋至和元年) 的星空突降“客星”，遭遇了一次千载难逢的重大“天象”。金牛座的天关星附近突然闯进一个“客星”，异常明亮 —— 这也就是后来天文学家所定义的蟹状星云超新星。“客星”是中国古代钦天监对彗星、新星或超新星的统称，意寓此类天体如“客人”一样偶出于天空常见的星辰之间。经天文学家测定，这次爆发距地球 6500 光年，属于一次大质量恒星演化到晚期的剧烈死亡事件。经历了超新星爆炸后，其残留物留下一片横行的蟹状星云，留住于金牛座这个北半球冬季夜空耀目的星座。

7.3.2　天眼天问之二——“蟹状星云”的由来

1054 年，金牛座突然闯入“客星”一事，经天文历史学家证实，除了中国天文学家的详细记录，印度、阿拉伯、日本和朝鲜的天文学家都曾记录了这次星象。更有趣的是，居住在美国亚利桑那的印第安土著，颇具艺术想象力，他们将所见天象绘成两幅图像雕刻在岩壁上。那么，这时欧洲的天文学家在忙什么？据说他们在中世纪的宗教管制下，虽有少量记录，但毁于阿尔卑斯山的修道院。唯独宋朝天文学者和历史学家们，确凿翔实、精细描述，这才留给世界一个完整而精美的天文学记录。可以说，其记录本身就像 1054 年超新星大爆发一样，令人叹为观止。由此可以推论，中国文化自信的重要源泉之一在于宋朝科技成就的历史传承，那时欧洲的知识分子还处于启蒙开化、徘徊摸索阶段。有存世文字见证：此“客星”有尖尖的光辉，并带着微红白的颜色，在这颗超新星的爆发阶段，人们白天可见其时间长达 23 天，在夜晚可见的时间则持续了 1 年 10 个月之久。悉数文字为超新星形成与演化的研究留下唯一可靠的证据。后世的天文学家做过如下推论：如果这颗超新星在距地球 50 光年的附近爆发，那么地球上所有的生命都将被其高能粒子射线所毁灭。由此，天文学家进一步猜想：6500 万年前的恐龙大灭绝事件或许与一次近距离超新星的爆发有关？在这颗超新星被遗忘了六七百年之后，天文学家用望远镜又偶然发现了它。英国医生、天文学爱好者约翰 • 贝维斯于 1731 年发现天空中有一团类似于云状的物体，并把它添加到自己的“星图”中，后来法国天文学家查尔斯 • 梅西耶独立观察它 27 年后，将此星云加入自己的《梅西耶星团星云表》中，并使之名列榜首。此后，1850 年罗斯爵士又观测到该星云，并依据其形状将其命名为“蟹状星云”；而且，罗斯还发现它在不断扩张，速度高达 1100km/s。

7.3.3 天眼天问之三——发现脉冲星：旋转中子星

1054 年，金牛座的天关星附近突然闯进一个“客星”，耀人眼目。宋代的天文学家详细记录了这一重大“天象”。直到 1942 年，荷兰天文学家奥尔特以令人信服的论证，确认蟹状星云就是诞生于 1054 年那次壮观的超新星爆发。自此之后，世界各地的天文学爱好者总是情不自禁地将望远镜指向金牛座，一次次向宋朝的天文学家致敬。那么，这团“星云”的发现有何价值呢？现在，我们再跟随时光快车来到 20 世纪 30 年代。当时，苏联物理学家朗道曾猜想存在由中子构成的致密星体，后经美国物理学家、原子弹之父奥本海默详细计算得到，这种星体只有 20km 直径大小。这在当时是一个天方夜谭的科幻构想，这个星体靠什么力量支撑来顶住强大的引力场？奥本海默认为是中子之间的“量子”排斥力，这个是源自刚刚创立不久的量子力学理论。接着，就在物理学家预言中子星的存在之后不久，美国 (瑞士国籍) 天文学家兹威基就预言中子星不仅存在，而且可能是超新星爆发的产物。然而，如何证明这一猜想呢？这当然要用望远镜观测事实来验证，而前提是首先要发现中子星。如何发现，天文学家再次想起了宋朝 1054 年的那颗“客星”，最简捷的方法便是在蟹状星云中寻找残留的中子星。当时大部分学者指出在蟹状星云中可能有一颗中子星。他们的猜想推理如下：在恒星的核燃料耗尽后，由恒星中心部分坍缩引起的超新星爆发，向中心坍缩的质量超过 $1.4M_\odot$，而恒星质量达到约 $20M_\odot$ 时，自由电子的压力不能抵抗强大引力而继续坍缩，导致原子核破裂，电子和质子作用变成中子，形成中子的海洋，最后因为中子所产生的量子压力可抵抗引力而使坍缩停止，从而形成稳定的中子星。重大的“天机”总是不期而遇。1967 年夏天，机会终于给了有心人，回报了天文学家们的耐心等待。那时，英国剑桥大学博士研究生乔瑟琳 · 贝尔女士和其导师休伊什教授搜索天空的射电闪烁信号。贝尔注意到一系列无线电的周期流量变化，呈现出大约 1.33s 的间隔，且有极其稳定的脉冲。后经过一系列认证程序，这便是检测到的第一颗脉冲星 (即转动的中子星) 的记录。这一发现获得 1974 年的“诺贝尔物理学奖”，这也是天文观测第一次获得如此崇高的荣誉。

7.3.4　天眼天问之四——发现蟹状星云脉冲星的意义

1967 年，脉冲星被认证为转动的中子星，其发现被誉为 20 世纪四个重要天文学发现之一。接下来，天文学家将目光投向中子星的“母亲”，其前身星到底是什么？中子星诞生后，其附近的遗迹是什么样子？难道 1054 年的客星与中子星存在必然联系吗？1968 年，美国天文学家使用阿雷西博射电望远镜，其 305m 口径是当时世界最大，不出预料，他们在蟹状星云中发现了一颗脉冲星 (编号 PSRB0531+21)，即蟹状星云脉冲星。这一事件振奋人心，它解答了天文学家的长期困惑 —— 客星到底是怎么形成的？自此，客星与脉冲星的前世今生谜底告破，那颗 1054 年的客星是一颗“吉星”，不是“克星”，它为人类认识恒星演化终结提供了第一手参考样本。现代天体物理学告诉我们：一颗 $10M_\odot$ 以上的大质量恒星，演化到晚期时，将经历超新星爆发，其核心将形成一颗中子星，而由外部物质爆炸扩散而形成我们所看到的星云，即超新星遗迹。1054 年客星与脉冲星的密码被破解，这不仅是天文界的巨大进展，也是中国古人的骄傲。我国宋朝天文学家如果聆听到现代科学的回响，那是无比的意外和惊奇。细心反思，客星与脉冲星关联的千年寻找，那是偶然的相遇，还是必然的拥抱？这个事件给予我们哪些深刻的文明哲理？确切地说，假如没有千年前古代科技的积累和传播，哪来的现代科技文明？如果我们将现代科技体系比喻成一棵大树，那么通过蟹状星云事件管中窥豹，我们会发现：其树苗栽培于中国，而繁茂结果于西方。这颗高速自旋的蟹状星云脉冲星，证明了 20 世纪 30 年代科学家们对中子星的预言，并肯定了恒星演化理论：超新星爆发时，气体外壳被抛射出去，形成超新星遗迹，就像蟹状星云，而恒星核心却迅速坍缩，由恒星质量的大小决定它的归宿是颗白矮星、中子星或是黑洞。天文学家们的进一步观测发现：蟹状星云脉冲星是颗强大的电磁辐射源，它以固定且很短的周期释放辐射脉冲，其转动周期仅有 33ms，即每秒转动 33 圈 —— 这是个令人难以置信的高速运动。现已证明，这是因为高速自转的中子星具有超强磁场 —— 相当于地磁场的万亿倍，超强磁场的极冠将辐射约束成很窄的高能粒子，产生电磁波束向外释放。

7.3.5　天眼天问之五——脉冲星名字的由来

今天，纵观宇宙，天文学家已经发现了约 2800 颗脉冲星。然而，1054 年宋朝“客星”留下的蟹状星云脉冲星竟然是唯一知道真实年龄的脉冲星，这也是天文学家视为标准源的多波段辐射性质完整的样本。蟹状星云脉冲星的已知真实年龄可以约束中子星的各种参数，定量而准确地估计其发生的物理过程，这些性质是其他脉冲星无法做到的。简而言之，中国古代天文学家对于人类认识宇宙做出了毋庸置疑的贡献。现在，我们无法用肉眼看到蟹状星云脉冲星和其遗迹，只能借助于大型科学设备，诸如 NASA 哈勃空间望远镜以及中国天眼 FAST——500m 口径球面射电望远镜。蟹状星云脉冲星为什么以每秒 33 圈的速度高速旋转？如果地球以如此速度转动，其外壳早就飞离而去，并随之解体。脉冲星可以承受如此巨大的转动离心力，那是因为其引力场超强。它相当于一个太阳压缩到一个城市的范围，万有引力的大小正比于质量而反比于半径的平方，所以你就可以想象其引力场有多强大。就地球而言，24h 转动一周；而已发现的最快脉冲星旋转高达每秒 716 转，即转一周只需要 1.39ms，完全不在一个层次上，较之真可谓“天壤之别”。那么，天文学家又是如何看到“脉冲”的呢？研究发现，脉冲星的射电信号来自其强磁场的极冠区，当带电粒子流沿着这些开放磁力线运动时将产生辐射，像航海的灯塔一样，每当辐射束扫过地球，天文工作者便可记录一个脉冲信号，其流量图类似于心电图——好像是脉动周期信号。其实，脉冲星并没有脉动，也没有振动，只是其极冠辐射随着转动周期性地扫过地球。因此，脉冲星不是“脉冲”的星，而是其自身旋转造成的视觉效果。于是，在起名字的时候，英国记者根据其信号记录特征，赋予它一个形象且易记的名称“脉冲星”。天体物理学家也给予其物理定义：“脉冲星就是转动的中子星。”那么，新的问题又接踵而至，其实只要我们仔细琢磨这句话的字面含义，也会有所疑虑。我们如何知道一个转动的星体一定是中子星？其物质全部由中子组成吗？目前理论家还不能做出具体回答，但可以确定的是，其中心天体是致密星体，物质成分很可能包含中子，或许还包含夸克以及其他未知的核物质形态。由于在脉冲星早期发现与认证过程中，天文学家和天体物理学家默契地认可了“脉冲星”和“中子星”的名称与真实含义，一般不会顾名思义地纠结其名称的准确定义。所以，为了排除公众的误解，我们不妨略施笔墨，“脉冲星不是脉冲”而“中子星也不一定全部由中子构成”。看来，顾名思义容易误导公众认知的完整性。

7.3.6　天眼天问之六——脉冲星转动为何那么快？

此前，我们讲过蟹状星云脉冲星每秒钟转 33 圈，目前已发现的旋转最快的脉冲星更是高达每秒 716 转。那么，我们疑惑脉冲星为何转得那么快呢？让我们回顾一下冬季奥运会的花样滑冰，运动员首先展开四肢转动，然后突然收缩身体，这时自旋速度加快。这就是脉冲星自转加速的类似案例，其原理是角动量守恒：人体转速与臂长乘积保持不变，而当臂长减少时转速加快。脉冲星的前身是恒星，虽然恒星转得慢，但其半径可达到百万千米，当恒星坍缩成为脉冲星时，其半径 (臂长) 收缩到 10km，于是脉冲星转速就大大加快了。类似地，脉冲星的磁场也被放大到万亿高斯，即地磁场的万亿倍。此外，脉冲星的转动非常稳定，一般来说，大约每千万年只慢一秒，所以脉冲星可以开发为自主导航星体，即使航天飞船远离地球也可以通过脉冲星观测来校准时间，并实施自主导航。脉冲星研究的另一个重大意义是用来检验引力波：最为理想的候选体是双星脉冲星系统，爱因斯坦预言的引力波将使得双星系统轨道收缩，大约每年减少 6cm，这对于其 30 万千米的轨道尺度来说，可谓变化毫厘。然而，射电望远镜可以检测到这一微小变化。1974 年，美国天文学家赫尔斯和泰勒利用阿雷西博射电望远镜证实了爱因斯坦预言的轨道变化，从而间接证实了引力波的存在，他们因此获得 1993 年诺贝尔物理学奖。2017 年，美国引力波激光干涉天文台记录到双中子星系统的并合事件，即双星系统轨道收缩演化到几亿年后，两颗中子星“撞车”，瞬间产生巨大引力波能量的爆发。为此，三名美国物理学家韦斯、巴里什和索恩获得 2017 年诺贝尔物理学奖。

7.3.7　天眼天问之七——客星与脉冲星回答“李约瑟难题”

“李约瑟难题”是由英国学者李约瑟在其编著《中国科学技术史》的过程中提出的，其主题是:“为什么中国古人 (尤其是宋人) 对人类科技发展做出了很多重要贡献，而科学和工业革命没有在近代中国发生？”1976 年，美国经济学家肯尼思 • 博尔丁称之为“李约瑟难题”。这一问题让无数人深思，尤其是国人。后来，中国国内亦曾有“钱学森之问”，即“为什么我们的学校总是培养不出杰出人才？”可谓与“李约瑟难题”一样，都是对中国科技界的忧思之问。有些人把“李约瑟难题”进一步推广，推论出“中国近代科学为什么落后”“中国为什么在近代落后了”等。这一系列的追问，我们曾经无法回答，但是，我们始终感到重任在肩，芒刺在背。今天，当时光快车定格在 2018 年，指向贵州平塘县的中国天眼 500m 口径世界最大射电望远镜，它已经不负使命发现了 40 多颗新脉冲星；而且，科学家们正在对其安装世界最先进的 19 波束接收机，这将对新脉冲星的发现有质的提升。可以说，这一点，至少从某种程度上回答了“李约瑟难题”，也回应了“钱学森之问”。我们从

1054 年开始的“天问”穿越旅行，终于完成了“客星”与脉冲星的千年“团聚”。这看上去似乎无关的科学事件，但重新思考后，或许另有玄机。假如以千年的尺度审视人类共同体的文明进化，我们得到这样的结论：科学的童年源自中国宋朝，而科学的成长在于欧洲文艺复兴，其间东西方科技的相互移植和交流得益于元朝。“客星”与脉冲星的千年握手，其前世今生的追踪，拉扯出东西方文明的互动，也间接回答了“李约瑟难题”：那就是东西方文明通过“一带一路”的交流，共同携手创造了人类的科技体系，这是人类长达千年的互动接力，而中华民族为人类文明共同体的建立点燃了原始科技火种并播撒了萌芽的种子。中国天眼 FAST 仰望天空，不仅发现了宇宙奥秘，也找回了中国的文化自信和道路自信，重新认识了中国对于人类文明无法替代的贡献。顾盼反思，一个社会体系的全面发展需要多种元素的配合，诸如科技研发、教育提升、科学普及，以及与之配套的强大社会管理机制。今天全国青少年不断涌向贵州，再次仰望“客星”，难道这预示着一个新时代的来临？的确，以习近平同志为核心的党中央领导中国人民跨入一个伟大的新时代，在实现中国梦的征程上，中国天眼 FAST 承载了中华民族复兴的新目标和新使命。

参考文献

Bhattacharya D, van den Heuvel E P J, 1991. Formation and evolution of binary and millisecond radio pulsars. Physics Reports, 203: 1.

Haensel P, Potelin A Y, Yakovlev D G, 2007. Neutron Stars. New York: Spinger Science & Business Media.

Lyne A G, Smith F G, 2012. Pulsar Astronomy. Cambridge: Cambridge University Press.

Manchester R N, Hobbs G B, Teoh A, et al, 2005. The Australia Telescope National Facility Pulsar Catalogue. The Astronomical Journal, 129: 1993.

Manchester R N, Lyne A G, Camilo F, et al, 2001. The Parkes multi-beam pulsar survey - Ⅰ. Observing and data analysis systems, discovery and timing of 100 pulsars. Monthly Notices of the Royal Astronomical Society, 328:17.

Pan Y Y, Song L M, Zhang C M, et al, 2016. The magnetic field evolution of ULX NuSTAR J095551+6940.8 in M82-a legacy of accreting magnetar. Monthly Notices of the Royal Astronomical Society, 461:2.

Pan Y Y, Wang N, Zhang C M, 2013. Binary pulsars in magnetic field versus spin period diagram. Astrophysics and Space Science, 346: 119.

Shapiro S L, Teukolsky S A, Black Holes, et al, 1983. The Physics of Compact Objects. New York: John Wiley & Sons.

Stairs I H, 2004. Pulsars in binary systems: probing binary stellar evolution and general relativity. Science, 304: 547.

van den Heuvel E P J, 2003. Astrophysics: testing time for gravity. Nature, 426: 504.

Wang D H, Chen L, Zhang C M, et al, 2013. Constraints on kilohertz quasi-periodic oscillation models and stellar equations of state from SAX J1808.4-3658, Cyg X-2 and 4U 1820-30. Monthly Notices of the Royal Astronomical Society, 435: 3494.

Wang J, Zhang C M, Zhao Y H, et al, 2011. Spin period evolution of a recycled pulsar in an accreting binary. Astronomy & Astrophysics, 526: 88.

Yang Y Y, Zhang C M, Li D, et al, 2017. Similarity of PSR J1906+0746 TO PSR J0737-3039: a candidate of a new double pulsar system? The Astrophysical Journal, 835: 185.

Zhang C M, Kojima Y, 2006. The bottom magnetic field and magnetosphere evolution of neutron star in low-mass X-ray binary. Monthly Notices of the Royal Astronomical Society, 366: 137.

Zhang C M, Wang J, Zhao Y H, et al, 2011. Study of measured pulsar masses and their possible conclusions. Astronomy & Astrophysics, 527:83.

Zhang C M, Yin H, Kojima Y, et al, 2007. Measuring neutron star mass and radius with three mass-radius relations. Monthly Notices of the Royal Astronomical Society, 374: 232.

Zhang C M, Zhang Y, Guo Y, et al, 2015. The investigation of neutron star spin period evolution: crab pulsar and magnetar. ASP Proceedings, Frontiers in Radio Astronomy and FAST Early Sciences Symposium, 502: 25.

附　　录

附录一　常用物理常数表

光速 (c) .... $2.99792458 \times 10^{10}$cm/s

万有引力常数 (G) .... 6.67259×10^{-8}dyn/(cm$^2 \cdot$ g^2)

普朗克常量 (h) .... 6.6260×10^{-27}erg $\cdot$ s

玻尔兹曼常量 (k) .... 1.380662×10^{-16}erg/°

里德伯常量 (R) .... 109737.312243cm^{-1}

斯特藩–玻尔兹曼常数 (σ) .... 5.66956×10^{-5}erg/cm$^2 \cdot$ deg$^4 \cdot$ s

电子电量 (e) .... 4.80325×10^{-10}esu $= 1.602192 \times 10^{-19}$C

电子质量 (m_e) .... 9.10956×10^{-28}g

经典电子半径 (r_e) .... 2.817938×10^{-13}cm

质子质量 (m_p) .... 1.672661×10^{-24}g $= 1.007276470$u

中子质量 (m_n) .... 1.67492×10^{-24}g $= 1.00866$u

附录二　常用天文常数表

天文单位 (AU) .... 1.495979×10^8km

光年 (ly) .... 9.46×10^{12}km

秒差距 (pc) .... 3.084×10^{13}km $= 3.26$ly

地月距离 .... $\sim 3.8 \times 10^5$km

太阳到银心的距离 .... 2.4×10^{17}km $= 8$kpc

太阳质量 ($M_\odot$) .... 1.989×10^{33}g

太阳半径 ($R_\odot$) .... 6.9599×10^{10}cm

太阳光度 ($L_\odot$) .... 3.826×10^{33}erg/s

太阳表面重力 ($g_\odot$) …… $2.74 \times 10^4 \text{cm/s}^2$
太阳有效温度 (T_{eff}) …… 5800K
地球质量 ($M_\oplus$) …… 5.976×10^{27}g
地球赤道半径 ($R_\oplus$) …… 6378.164km
地球表面重力 ($g_\oplus$) …… 980.665cm/s^2
第一宇宙速度 (v_1) …… 7.9km/s
第二宇宙速度 (v_2) …… 11.2km/s
第三宇宙速度 (v_3) …… 16.7km/s
哈勃常数 (H_0) …… 50km/s · Mpc

附录三　质量尺度表 (单位:g)

钱德拉塞卡极限 (白矮星的质量上限) …… 2.8×10^{33}
奥本海默–沃尔科夫极限 (中子星的质量上限) …… 6.0×10^{33}
演化结果为黑洞的恒星所具有的最小质量 …… 4×10^{34}
恒星由于不稳定而脉动时的质量 …… 1.2×10^{35}
球状星团的质量 …… 1×10^{39}
银河系中心黑洞的最可几质量 …… 6×10^{39}
小麦哲伦云的质量 …… 4×10^{42}
大麦哲伦云的质量 …… 2×10^{43}
银河系中可视物质和暗物质的总质量 …… 2.6×10^{45}
后发星系团中恒星的总质量 …… 1.3×10^{47}
后发星系团的维里质量 …… 2.7×10^{48}
阿贝尔 2163 星系团的维里质量 …… 6×10^{49}
星系团中所有物质的质量 (包括重子物质和非重子物质) …… 2×10^{52}
宇宙中所有可视物质的质量 …… 8×10^{52}
原初核合成理论预言的重子物质的质量 …… 1×10^{54}
宇宙的临界密度所对应的总质量 …… 2×10^{55}

后　记

作者在撰写本书的过程中，得到中国天眼 FAST 工程创始人之一——南仁东研究员的支持与鼓励，他一直期望看到中国人自己为 FAST 脉冲星研究留存一本基础教材，然而遗憾的是他猝然而逝，未能如愿。在学习和研究脉冲星和中子星的过程中，我们有幸与众多学者有过交集，在此向大家表示深深的感谢。特别是那些曾经一起研讨、合作、互访或工作的人员和团队，他们的问题、建议、讨论或者报告使我们受益良多，这在本书可以寻觅到其蛛丝马迹。感谢国家天文台天眼 FAST 团队成员：李菂、朱炜玮、岳友岭、王培、潘之辰、彭勃、赵永恒、韩金林、王伟等；北京大学脉冲星团队成员：吴鑫基、乔国俊、张冰、徐仁新、李克伽、吴学兵等；高能物理研究所天体物理团队成员：李惕碚、张双南、宋黎明、屈进禄、张澍、张帆等；北京师范大学天文系的陈黎、李宗伟等；新疆天文台脉冲星团组成员：王娜、闫文明、袁建平、丁国强、艾力堤等；南京大学天文系的曲钦岳、汪真如、陆谈、彭秋和、李向东、戴子高、黄永锋、刘庆忠等；上海天文台脉冲星团组成员：闫震、沈志强、余文飞等；武汉华中理工大学的龚碧平、陈小平等；贵州师范大学和贵州大学的支启军、张立云、张志彬等；广州大学的王洪光、佟浩等; 云南大学与云南天文台的张力和张国宝等；中国科技大学的袁业飞、张扬；香港大学脉冲星团组、郑广生等；台湾“清华大学”天体物理中心的张祥光等；大连理工大学的陈方培；河北工业大学的杨国琛；澳大利亚悉尼大学和 ATNF 脉冲星团组成员：D. B. Melrose, R. N. Manchester, G. Hobbs, S. Jonston, Q. H. Luo，M. Walker，L. Ferrario, D. T. Wickramasinghe, A. Melatos, D. Payne; 欧洲、美国、日本、巴西和南非的中子星和脉冲星学者: H. Ruediger，U. Geppert，C. Cutler, T. Belloni, M. Mariano, R. Wijnands, L. Burderi, P. Chardonnet, R. Ruffini, S. S. Xue，J. Gil，P. Haensel，G. S. Bisnovatyi-Kogan，J. Pereira, D. Menezes, J. Horvath, E. van den Heuvel, R. Strom，G. Hasinger, J. Bell, M. Kramer、M. Massi，A. Lyne, D. Lorimer, S. Kulkarni，W. Wagoner，N. Glendening，M. Ruderman，R. Mann, Y. Kojima, N. Shibazaki，B. Fanaroff，A. Beesham.

作者关于中子星和脉冲星的研究兴趣始于 1983 年的硕士研究生时期，之后经历了长达十年的海外工作和学习，期间访问了全球三十几个研究团组，得到同行多方的协助与支持，罗列那些朋友们的名字将是一个非常漫长的回忆，完成此书以示谢意。最后，还要感谢一起从事脉冲星工作的研究生们，其中王双强、刘鹏、尚伦华等倾力帮助校对书稿。

在撰写过程中，作者的相关研究工作得到了国家自然科学基金委面上项目“吸积中子星和毫秒脉冲星研究”(NSFC11173034)，国家重点基础科学研究计划项目 973 子课题“脉冲星物理和观测”(2012CB821800)，国家自然科学天文联合基金项目关于 FAST 脉冲星数据库和巡天研究（U1731238），国家重点研发计划和中国科学院 FAST 重点实验室开放项目 (2017YFA0402600) 的资助，在此一并表示感谢。

彩　图

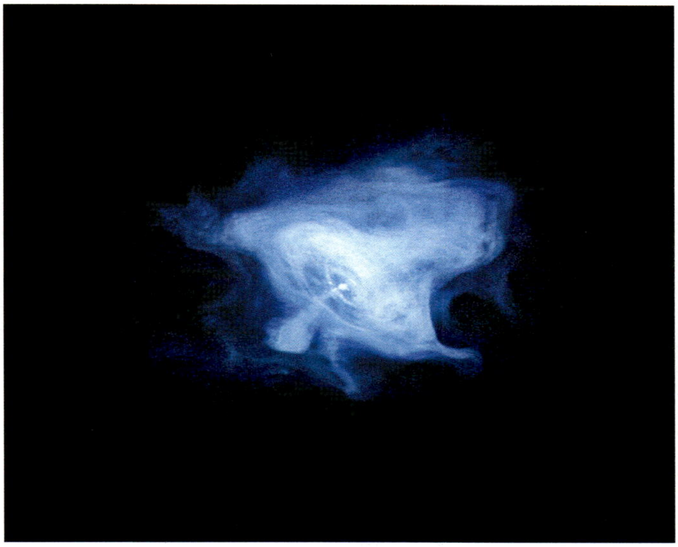

图 2.1　钱德拉卫星拍摄的蟹状星云 X 射线照片

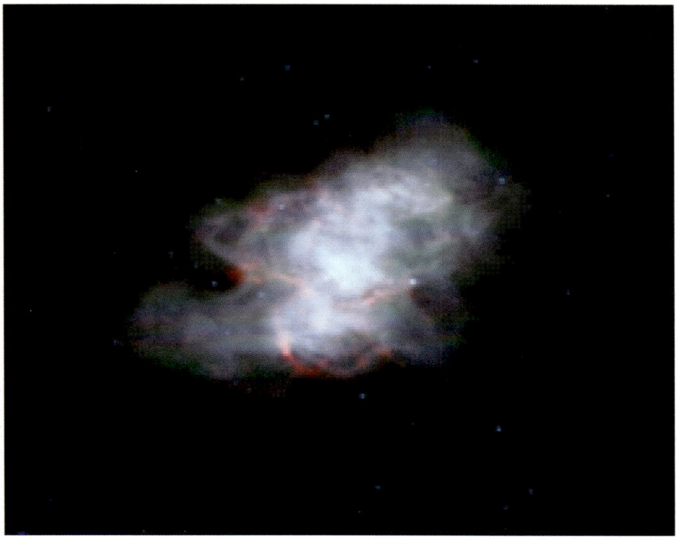

图 2.2　斯皮策太空望远镜拍摄的蟹状星云

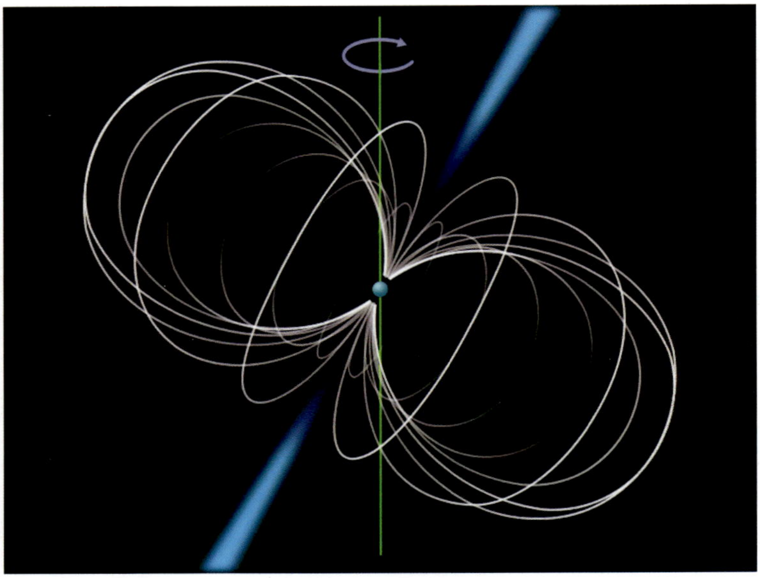

图 3.1　脉冲星的辐射光锥示意图

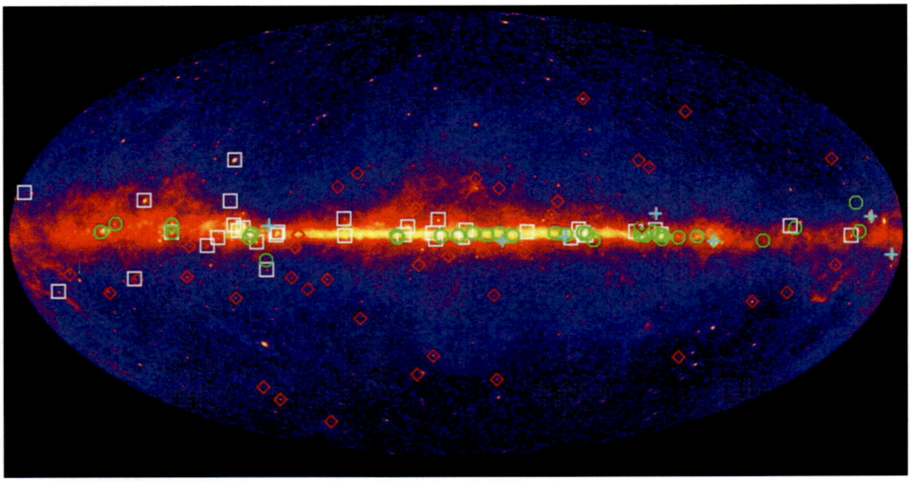

图 3.3　费米探测到的 116 颗脉冲星的空间分布

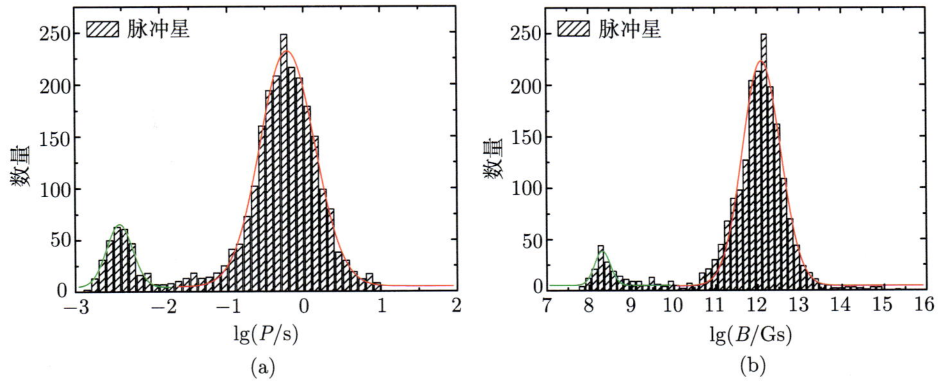

图 4.2 脉冲星的自旋周期统计分布图 (a)，其中绿色和红色曲线分别表示对周期 $P < 20\text{ms}$ 和$P > 20\text{ms}$ 的脉冲星的周期分布的拟合曲线；脉冲星的表面磁场统计分布图 (b)，其中绿色和红色曲线分别表示对磁场 $B < 10^{10}\text{Gs}$ 和 $B > 10^{10}\text{Gs}$ 脉冲星的磁场分布的拟合曲线

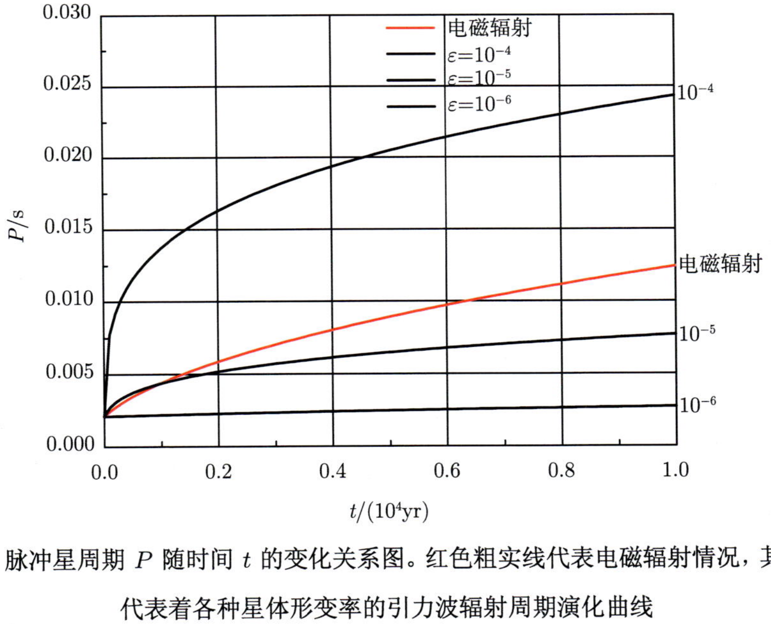

图 4.8 脉冲星周期 P 随时间 t 的变化关系图。红色粗实线代表电磁辐射情况，其他曲线代表着各种星体形变率的引力波辐射周期演化曲线

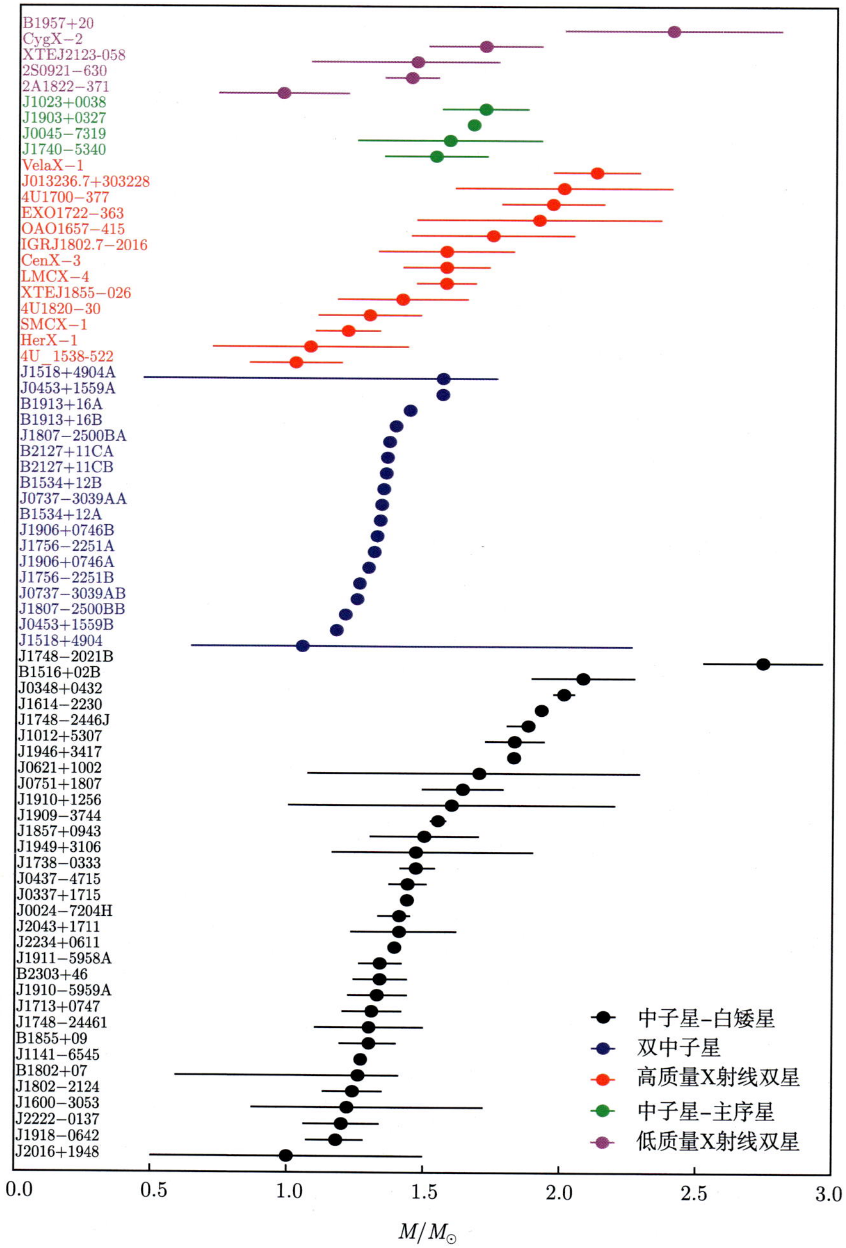

图 4.10　72 颗中子星的测量质量图